U0390588

果树科学种植大讲堂

图解樱桃良种良法

张晓明　张开春　闫国华　王　晶　周　宇◎编著

科学技术文献出版社
SCIENTIFIC AND TECHNICAL DOCUMENTATION PRESS

图书在版编目（CIP）数据

图解樱桃良种良法／张晓明等编著．—北京：科学技术文献出版社，2013.2

（果树科学种植大讲堂）

ISBN 978-7-5023-7544-7

Ⅰ．① 图… Ⅱ．① 张… Ⅲ．① 樱桃－果树园艺－图解 Ⅳ．① S662.5-64

中国版本图书馆 CIP 数据核字（2012）第 224258 号

图解樱桃良种良法

策划编辑：孙江莉 责任编辑：杜新杰 责任校对：张吲哚 责任出版：张志平

出 版 者	科学技术文献出版社
地 址	北京市复兴路 15 号 邮编 100038
编 务 部	(010)58882938，58882087(传真)
发 行 部	(010)58882868，58882866(传真)
邮 购 部	(010)58882873
官 方 网 址	http://www.stdp.com.cn
淘 宝 旗 舰 店	http://stbook.taobao.com
发 行 者	科学技术文献出版社发行 全国各地新华书店经销
印 刷 者	北京时尚印佳彩色印刷有限公司
版 次	2013 年 2 月第 1 版 2013 年 2 月第 1 次印刷
开 本	850×1168 1/32 开
字 数	98 千
印 张	3.75
书 号	ISBN 978-7-5023-7544-7
定 价	25.00 元

丛书总序

　　我国果树栽培历史悠久、资源丰富。据统计，2010 年全国水果栽培面积已达 1154.4 万公顷，总产 21401.4 万吨，无论产量还是面积均居世界首位。我国果品年产值约 2500 亿元，有 9000 万人从事果品产业，果农人均收入 2778 元。果树产业的发展已成为农民增收、农业增效和农村脱贫致富的重要途径之一，是我国农业的重要组成部分。此外，果树产业对调整农业产业结构、推进生态建设、完善国民营养结构，促进农民就业增收具有重要意义。

　　但由于过去我国农业多以小农经济自给自足形式发展，果树产业受到了一定程度的制约。在管理过程中生产方式传统，技术水平不高，国际竞争力不强，仍然存在未适地适树、重视栽培轻视管理、重视产量轻视质量、盲目密植、片面施肥等突出问题，导致许多果园产量虽高，质量偏差，出口率极低，中低档果出现了地区性、季节性、结构性过剩等问题。特别近几年来，随着人民生活水平的提高，消费者对果品品质、多样化、安全性等提出了新的要求，需要推广优质、安全、高效的标准化生产技术体系，提高果品的市场竞争能力。

《果树科学种植大讲堂》丛书所涉及的树种是我国主要常见果树，大多原产于我国。丛书主要以文字和图谱相结合的形式详细介绍了桃、苹果、梨、杏、樱桃、草莓、核桃、香蕉、龙眼、荔枝、柑橘等主要果树的一些优良品种和相关的高效栽培技术，如苗木繁育、丰产园建立、土肥水管理、整形修剪、花果管理、病虫害防治等果树管理技术。本着服务果农和农业科技推广人员的原则，丛书内容科学准确，文字浅显易懂，图片丰富实用，便于果农学习和掌握。

本丛书由北京市农林科学院林业果树研究所王玉柱研究员担任主编，负责丛书的整体设计和组织协调。丛书桃部分由中国农业科学院郑州果树研究所王志强研究员组织编写；苹果、梨部分由北京市农林科学院林业果树研究所魏钦平研究员组织编写；杏部分由北京市农林科学院林业果树研究所王玉柱研究员组织编写；樱桃部分由北京市农林科学院林业果树研究所张开春研究员组织编写；草莓部分由北京市农林科学院林业果树研究所张运涛研究员组织编写；核桃部分由北京市农林科学院林业果树研究所郝艳宾研究员组织编写；香蕉、龙眼、荔枝、柑橘等热带果树部分由广东省农业科学院果树研究所易干军研究员组织编写。

由于编者水平有限，书中难免有错误和不足之处，敬请同行专家和读者朋友批评指正！

目 录

第一章

概述

　　甜樱桃，俗称大樱桃，素有"春果第一枝"的美誉，因其果实色泽艳丽、晶莹剔透、风味浓郁而深受人们青睐。樱桃果实营养丰富，其蛋白质、脂肪、氨基酸、维生素和矿物质含量都很高，尤其是铁含量居诸果之首，比苹果、梨高出 20 倍以上，是营养与风味俱佳的果品。樱桃的根、枝、叶、果、核均可入药，能治疗多种疾病，具有很高的药用价值。樱桃树姿优美，树冠开阔，枝干紫红光亮，树叶浓绿，花朵娇美，果实艳丽，具有极高的观赏价值。

　　我国甜樱桃栽培约有 120 年的历史。最初只是在山东烟台、辽宁大连等地零星栽培，改革开放后，规模化的甜樱桃果园开始在包括山东、辽宁、河北、北京、天津等地在内的环渤海湾地区涌现，并逐步向我国中部地区和西南高海拔地区发展。近 10 年来，部分果园的樱桃单位面积产值达到苹果、桃、葡萄的 5 ～ 10 倍，露地樱桃的售价高达 40 ～ 100 元 / 千克，设施栽培更是达到 200 ～ 400 元 / 千克，被誉为"黄金种植业"。高利润的驱动使甜樱桃新增栽培面积异常扩大，年增速达 10% ～ 30%。据专家估计，我国现有甜樱桃面积约 150 万亩 *，但一半以上的面积还没有进入丰产期。

　　目前，樱桃产业已不再是单纯的果树栽培产业，不少地方已经依托樱桃产业大力打造文化品牌，以推动观光农业的发展。以北京为例，北京近年来大力发展都市农业，观光采摘已经成为首都市民的新的休闲方式，而樱桃是观光采摘农业中冉冉升起的新星，每年樱桃成熟季节，也是观光采摘农业最具魅力的季节。2009 年北京市樱桃种植

---

*1 亩 =666.67 平方米，下同。

总面积已达 3.9 万亩，其中结果面积 1.8 万亩，总产量 340.5 万千克，总收入 1.5 亿元。共有 96.9 万人次游客参加樱桃采摘游活动，采摘量 218.6 万千克，占樱桃总产量的 64.2%，采摘收入首次突破亿元达到 1.05 亿元，占总收入的 70%。而 2009 年大连·旅顺樱桃节期间共接待游客 16 万人，销售大樱桃 10 000 吨，实现门票收入 560 万元，樱桃销售总收入 3.1 亿元，带动全区农民增收 1.1 亿元。

甜樱桃树体高大，生长健旺，干性强，自然生长可达 7 ~ 8 米高，原产地甚至生长到 30 米高。幼年期长，进入结果期晚，乔砧嫁接苗一般定植后 4 ~ 5 年结果，8 ~ 10 年进入盛果期，盛果期 15 ~ 20 年，30 年生以后树体明显衰老；矮化砧木嫁接苗定植后一般 3 年结果，5 年进入盛果期。

1．芽

甜樱桃的芽按在枝条上的着生部位分为顶芽和腋芽，按性质分为花芽和叶芽。顶芽都是叶芽，腋芽单生（1 个叶腋只生 1 个腋芽），可以是叶芽，也可以是花芽。盛果期树的中、长果枝前端的芽多为叶芽，后端则多为花芽，短果枝和花束状果枝的腋芽一般均为花芽。

樱桃的花芽为纯花芽，1 个花芽中含 1 ~ 5 朵花，多为 2 ~ 4 朵花。花芽不能抽生枝条和生长出叶片，只能开花结果。叶芽只能抽生枝条，不能开花结果。

樱桃的芽为离生，芽体与其着生的枝条间的夹角较大，芽尖与枝条分离。这一特点对苗木包装和运输很重要，因为在操作过程中容易将芽碰落，造成光秃带。

樱桃的叶芽萌芽率很高，除生长旺盛的生长枝基部少数发育不良的腋芽外，一般均可萌发生长。

樱桃的腋芽还具有早熟性，当年形成的腋芽在植株生产旺盛时或摘心处理后即可萌发，形成二次枝。

甜樱桃的芽

在发育枝的基部，叶腋间或叶痕处存在不容易观察到的腋芽，它们是潜伏芽或称隐芽。樱桃的潜伏芽寿命很长，一般 5～7 年，长者可达 10～20 年。当潜伏芽受到外界刺激（如重剪回缩等）时，可以萌发而生长出发育枝，这是樱桃树骨干枝和树冠更新复壮的基础。

甜樱桃的芽需要经过一定的低温阶段度过休眠期后才能萌发。不同品种的低温需冷量不同，一般甜樱桃品种在 0～7℃温度范围内的需冷量为 400～1500 小时。满足需冷要求后，当外界温度适宜时，甜樱桃即可萌芽。

2. 枝条

带有叶片的当年生枝条称为新梢。开花结果的新梢称为结果枝，没有花果的新梢称为发育枝，又称生长枝或营养枝。樱桃的生长枝用于扩大树冠，形成骨架，并增加结果枝的数量。

结果枝按枝条长度可以分为混合枝、长果枝、中果枝、短果枝和花束状果枝。混合枝长度在 30 厘米以上，除基部几个芽为花芽外，其余全部为叶芽。长果枝长度为 15～30 厘米，除顶芽和上部的腋芽外，其余均为花芽。中果枝长度为 5～15 厘米，除顶芽和先端几个腋芽外，其余均为花芽。短果枝和花束状果枝长度在 5 厘米以下，这类果枝腋芽均为花芽，仅顶芽为叶芽。

叶芽萌发后，新梢开始生长，约持续 1 周，进入开花期，新梢生长减缓，甚至逐渐停止生长，继而发育成短果枝或花束状果枝。花期后，新梢进入迅速生长期，当果实进入硬核期时，新梢生长开始减慢，部分枝条逐渐停止生长，6 月中旬前后，新梢生长停止。这一阶段所生长的新梢称为春梢。7 月中旬前后，强旺的新梢开始迅速生长，这一阶段生长的新梢称为秋梢。秋梢生长可持续到 8 月中下旬，甚至更晚。

3. 叶片

叶片的主要功能是光合作用和蒸腾作用。树冠上叶片的整体称为叶幕，叶片总面积和树冠下投影面积的比值称为叶幕系数。

樱桃单个叶片的叶面积一般为 65～68 平方厘米，最大可达

甜樱桃叶片

135 平方厘米。随着新梢的生长，树体的总叶面积迅速扩大。

甜樱桃叶片的光合作用速率高于苹果和欧洲葡萄，远远高于柑橘。樱桃叶片在发育到接近全大时，单位面积的光合速率最高，大约维持 2 周或更长时间开始下降。在 17 ～ 30℃温度范围内，樱桃叶片随着温度的升高光合速率加快。在较低的温度下，樱桃的光合速率高于桃，而在较高的温度下则相反。

4.花

甜樱桃的开花物候期可以分为 4 个阶段。①花芽膨大期：指全树有 25% 左右的花芽开始膨大，鳞片错开的时期。②初花期：指全树有 25% 左右的花开放的时期。③盛花期：指全树有 25% ～ 75% 的花开放的时期。④落花期：指全树有 50% 左右的花朵花瓣正常脱落的时期。

樱桃树一般当日均气温达到 15℃时开花，花期可持续 1 ～ 2 周。不同品种的开花期不同，相差 5 ～ 7 天。花期早晚还与树龄、树势、果枝类型有关。一般幼龄树的花期晚于成龄树，旺树的花期晚于弱树，长枝的花期晚于短枝。

甜樱桃花

5.果实

櫻桃果实的发育一般需经历 3 个阶段。①第一次快速生长期：从盛花期开始，持续 10 ～ 20 天，果实迅速膨大，果核体积增长到接近成熟时大小。此后，果实大小几乎停止增长。②硬核期：接近正常大小的果核开始木质化，果实在外观体积上几乎停止增长的时期。这一时期，果实外观变化很小，子房中形成可食部分的中果皮的发育几乎停止，而此时形成果核的组织却非常活跃。核壳木质化，硬度逐渐增大，颜色由白色变为褐色。种胚发育迅速，胚乳被吸收，种子形态基本建成，所以此期也称为胚发育期。该期需要 10 ～ 20 天，品种间差别较大，早熟品种所需时间短，晚熟品种所需时间长，被认为是控制果实成熟期的关键时期。③第二次快速生长期：果实体积和重量迅速增大，直至果实成熟。此期历时 15 天左右，果实体积和重量增长占采收时果实的 50% ～ 70%，果实生长的主要原因是细胞体积和重量的增加、细胞间隙的加大。树体当年的管理水平对此期的影响很大，充足的肥水供应与合理的叶面积是实现丰产优质的关键。

甜樱桃的果实

6.花芽分化

虽然花芽在春季开放，但花芽的形成在前一年的夏季已经开始。花芽的形成一般经历 3 个阶段，即生理分化期、形态分化期和开花期。

在生理分化期，芽内的生长点首先从叶芽的生理状态转变为花芽的生理状态，这种变化都是在细胞生理生化水平下进行的，从形态解剖方面观察不到什么变化。生理分化期决定了叶芽能否转变成花芽，是花芽分化的关键时期，故又称花芽分化临界期或花芽诱导期。目前，还不清楚樱桃花芽分化诱导期开始的确切时间，根据其他果树的研

究，大约是形态分化期前一周或更早的时间。

形态分化通过形态解剖能够观测到，樱桃花芽的形态分化大约从春梢停止生长时开始。形态分化开始后 1 个月左右，花芽的外部形态已经与叶芽明显不同，花芽体积已接近入冬时的大小。形态分化开始后，花芽内部的形态变化一刻也没有停止，逐渐分化出花蕾和花器官的原始体，直到冬季落叶进入休眠期。

在硬核期，花束状果枝和短果枝停止生长，腋芽开始膨大，并分化为花芽。在果实采收后，春梢生长停止，被认为是樱桃花芽形态分化盛期，并可一直持续到 7 月中下旬。

在休眠期，在花芽内部观察不到形态方面的变化。当休眠期过后，随着气温的逐渐升高，花芽需要继续发育，形成完整的花器官，直至花蕾开放。

7.根系

甜樱桃根系的生长发育特点取决于砧木类型、繁殖方式、立地条件和栽培管理措施。根系按照发生部位的不同可分为主根、侧根和不定根 3 种。主根是由砧木种子的胚根发育形成的，主根发达，分布深、粗壮。主根上发出的分支和分支的

10 年生酸樱桃砧木根系

分支称为侧根。不定根是在扦插、压条等无性繁殖方式中由枝条基部的根原基产生的，这种根系分布浅，主根不明显，甚至没有主根。由种子繁殖形成的根系称为实生根系，由不定根发育而成的根系称为茎源根系，茎源根系没有实生根系发达。

中国樱桃砧木主根不发达，主根被几条粗壮的侧根或骨干根代替，须根发达，水平分布范围广，但在土层中分布浅，固地性差。据调查，在中性壤土中，中国樱桃一般分布于 5～35 厘米的土层内，以 20～35 厘米深的土层中分布最多。马哈利樱桃、马扎德樱桃、山樱桃、酸樱桃主根较发达，根系分布较深。

第二章

红灯

育种单位：辽宁省大连市农业科学院。

果实形状：宽肾形，大而整齐，果柄短粗。

果实颜色：初熟为鲜红色，外观美丽，后期逐渐变成紫红色，有鲜艳的光亮；果汁红色。

果实重量：平均单果重 9 克，最大可达 12 克。

果实品质：果肉肥厚，多汁，较软，酸甜适口，可溶性固形物含量可达 18%。

成熟期：早熟品种。果实发育期 40 ～ 45 天，北京地区 5 月中下旬成熟。

栽培习性：该品种树势强健，树冠大，萌芽率高，成枝力较强，枝条粗壮。进入结果期较晚，一般定植后 4 年结果，6 年丰产。盛果期后，短果枝、花束状和莲座状果枝增多，果枝连续结果能力强，能长期保持丰产稳产和优质壮树的经济栽培状态。

5-106

育种单位：辽宁省大连市农业科学院。

果实形状：近圆形。

果实颜色：红色至紫红色。

果实重量：平均单果重 8.1 克，最大果重 8.9 克。

果实品质：果肉肥厚多汁，风味浓郁，可溶性固形物 18.1%。

成熟期：北京地区 5 月中旬成熟，比红灯早熟 1 周。

栽培习性：该品种树势强健，树冠大，幼树期枝条生长迅速，以长果枝结果为主，进入结果期后，短果枝、花束状果枝增多，较丰产。

红艳

育种单位：辽宁省大连市农业科学院。

果实形状：宽心脏形。

果实颜色：果皮底色浅黄，阳面着鲜红色，色泽艳丽，有光泽。

果实重量：平均果重 8 克，最大果重 10 克。

果实品质：果肉细腻，质地脆，果汁多，酸甜适口，风味浓郁，品质上等。

成熟期：北京地区 5 月下旬成熟，比红灯略晚。

栽培习性：树势强健，树冠半开张，萌芽率和成枝力较强，坐果率高，早期以一年生果枝结果为主，早果性、丰产性好。后期应注意对枝组及时回缩，防止结果部位外移。

早大果

育种单位：乌克兰农业科学院灌溉园艺科学研究所。

果实形状：扁圆形，大而整齐，果柄中等长度。

果实颜色：果皮紫红色，果汁红色。

果实重量：平均单果重 8 ～ 10 克，最大果重 13 克。

果实品质：果肉较硬，可溶性固形物 16% ～ 17%，口味甜酸，品质佳；果核大、圆形、半离核。

成熟期：果实成熟期一致，比红灯早 3 ～ 4 天，北京地区 5 月中旬成熟。

栽培习性：该品种树体健壮，树势自然开张，树冠圆球形，以花束状果枝和一年生果枝结果为主，幼树成花早，早期丰产性好。

8-129

育种单位：辽宁省大连市农业科学院。

果实形状：宽心脏形。

果实颜色：全面紫红色，有光泽。

果实重量：平均果重 9.5 克，最大果重 10.6 克。

果实品质：肉质较软，肥厚多汁，风味品质佳，酸甜味较浓，可溶性固形物含量 18 %。

成熟期：果实发育期 40 天左右，比红灯略早，北京地区 5 月中下旬成熟。

栽培习性：树势强健，生长旺，树姿半开张，芽萌发力和成枝力较强。该品种早期丰产性好，与红灯同期成熟，但早果性优于红灯。生产中应注意保持树势和合理的结果量，以提高优质大果的比例。

伯兰特 (Burlat)

育种单位：原产法国，亲本不详。

果实形状：心脏形，缝合线侧面平。

果实颜色：果实红色到紫红色，光亮。

果实重量：平均单果重 9.5 克，最大果重 11 克。

果实品质：果皮厚度中等，果肉软到中等硬度，果汁多，可溶性固形物 17.4%，风味酸甜，品质优。

成熟期：北京地区 5 月中下旬成熟，比红灯早熟 3 ~ 4 天。

栽培习性：生长特性与早大果类似，树体生长健壮，幼树直立，逐渐开张，早果性好，丰产。开花期居中。易裂果。

美早（Tieton），原代号 PC7144-6

育种单位：美国华盛顿州立大学。

果实形状：宽肾形，果柄短粗。

果实颜色：果色鲜红，充分成熟时为紫红色至紫黑色，具明亮光泽，艳丽美观。

果实重量：平均单果重 10 ~ 12 克，最大果重可达 14 克。

果实品质：果汁红色，果肉硬，肥厚多汁，风味甜酸适口，可溶性固形物含量为 15% 左右，果核呈圆形，半离核，中等大小，可食率 92.3%。

成熟期：果实成熟期比红灯略晚，北京地区 5 月下旬至 6 月初成熟。

栽培习性：幼树生长旺盛，分枝多，枝条粗壮，萌芽率和成枝力均高，进入结果期较晚，以中、长果枝结果为主。成龄树树冠大，半开张，以短果枝和花束状果枝结果为主，较丰产。该品种树势强健，叶片大而下垂，应注意选留合理的主枝，保持较大的层间距，以免树冠郁闭。

龙冠

育种单位：中国农业科学院郑州果树所。

果实形状：宽心脏形，果柄长。

果实颜色：鲜红至紫红色，具亮丽光泽，果汁紫红色。

果实重量：平均单果重 8 克，最大果重 11 克。

果实品质：甜酸适口，风味浓郁，可溶性固形物含量 14%～16%。果肉较硬，贮运性较好。

成熟期：北京地区果实 5 月下旬成熟，比红灯略晚。

栽培习性：树体健壮，前期以中长果枝结果为主，后期以短果枝和花束状果枝为主，树姿较开张。花芽抗寒性强，适合我国中西部地区栽培。

布鲁克斯（Brooks）

育种单位：美国加州大学戴威斯分校。

果实形状：扁圆形，果柄短粗。

果实颜色：果皮浓红，底色淡黄，油亮光泽，果面有条纹和斑点。

果实重量：平均单果重 8～10 克。

果实品质：果肉紧实、硬脆，味甜，可溶性固形物 17.0%，含酸量 0.97%，糖酸比率是宾库的 2 倍，风味甘甜是其主要特点。

孙玉刚提供

成熟期：熟期集中，比红灯晚 3～5 天，在泰安 5 月中下旬成熟。

栽培习性：树体生长势强，初结果树以中、短果枝结果为主，成龄树以短果枝结果为主，早实丰产。采收时遇雨易裂果。

秦林（Chelan）

育种单位：美国华盛顿州大学。

果实形状：阔心脏形，果顶圆，果个整齐。

孙玉刚提供

果实颜色：果皮紫红色，有光泽，果肉浓红色。

果实重量：平均单果重8克，最大果重11克。

果实品质：果肉硬脆，可溶性固形物17%，酸甜适口，风味浓；核较小，离核，果实可食率94%；耐贮运，常温下可储放1周左右。

成熟期：果实成熟期一致，比红灯晚5～7天，烟台地区6月上旬成熟。

栽培习性：树势中等，在矮化砧木上存在坐果过多、果个偏小的问题。授粉树可采用先锋、拉宾斯等树种。双果、畸形果少，丰产、抗裂果是其特点。

桑提娜（Santina）

孙玉刚提供

育种单位：加拿大太平洋农业食品研究中心 Summerland 试验站。

果实形状：卵圆形，果柄中长。

果实颜色：果皮紫红色。

果实重量：平均单果重7～9克。

果实品质：果肉硬，味酸甜，品质中上，可溶性固形物18%，较抗裂果。

成熟期：果实成熟期一致，比红灯晚5～7天，烟台地区6月上旬成熟。

栽培习性：树姿开张，干性较强，自花结实，早实丰产。

雷洁娜（Regina）

育种单位：德国。

果实形状：心脏形。

果实颜色：果皮紫红色，果面
光泽，果肉紫红色。

果实重量：平均单果重 7 ~ 9 克。

果实品质：果肉质硬，耐贮运，

赵改荣提供

酸甜可口，风味极佳，完全成熟时可溶性固形物达 20%。

成熟期：晚熟，成熟期比宾库晚 14 ~ 17 天，在郑州 5 月底 6 月
初成熟。

栽培习性：早果丰产，连续结果能力强，抗裂果性能强，较抗白
粉病。

红蜜

育种单位：辽宁省大连市农业
科学院。

果实形状：心脏形。

果实颜色：底色黄色，阳面有
红晕。

果实重量：果实中等大小，平
均单果重 6.0 克。

果实品质：果肉软，果汁多，
风味甘甜，品质上等，可溶性固形物 19.4%，果核小。

成熟期：北京地区 5 月下旬到 6 月上旬成熟，比红灯晚 4 ~ 6 天。

栽培习性：树势中等，树姿开张，树冠中等偏小。萌芽力和成枝
力强，分枝多，容易形成花芽，花量大，幼树早果性好，一般定植后
4 年可进入盛果期，丰产稳产。该品种适合当地发展，十分适宜观光
采摘，不耐贮运。进入盛果期后应注意及时回缩枝组，保持树势中庸，
以避免果实偏小。树体容易流胶，保持树势可有效减轻流胶现象。

柯迪亚（Kordia）

赵改荣提供

育种单位：捷克。

果实形状：宽心脏形。

果实颜色：紫红色，光泽亮丽，果肉紫红色。

果实重量：平均单果重 8 ～ 10 克。

果实品质：果肉较硬，耐贮运，风味浓，可溶性固形物 18%，较抗裂果。

成熟期：晚熟品种，成熟期比宾库晚 7 ～ 10 天，比拉宾斯早 3 ～ 4 天。在郑州 5 月下旬成熟。

栽培习性：树势较强，早果丰产，花期晚，但花较脆弱，易受霜冻影响。授粉树可选用 Skeena、雷洁娜、Sandra Rose。

斯坦拉

育种单位：加拿大太平洋农业与食物研究中心。

果实形状：心脏形，果顶钝圆，缝合线不明显，果柄细长。

果实颜色：果面紫红色，艳丽美观。

果实重量：平均单果重 7 克，最大果重 10.2 克。

果实品质：果肉质硬而细密，酸甜适口，可溶性固形物含量 16.8%，风味极佳。

成熟期：北京地区 6 月上旬成熟。

栽培习性：该品种自花结实能力强，花芽充实饱满，花粉多，可以作为很好的授粉品种。树势强健，树姿开张，枝条健壮，新梢斜生，幼树结果早，丰产稳产。较抗裂果，耐贮运，但抗寒性稍差。

拉宾斯

育种单位：加拿大太平洋农业与食物研究中心。

果实形状：近圆形或卵圆形。

果实颜色：果面紫红色，具艳丽光泽，果点细。

果实重量：果实大，平均单果重 10 克。

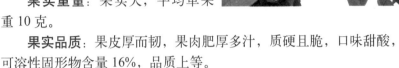

果实品质：果皮厚而韧，果肉肥厚多汁，质硬且脆，口味甜酸，可溶性固形物含量 16%，品质上等。

成熟期：北京地区 6 月上中旬成熟。

栽培习性：树势强健，树姿开张，树冠中大，幼树生长快，半开张，新梢直立粗壮。幼树结果早，以中、长枝上的花束、花簇状果枝结果为主。连续结果能力极强，产量高而且可持续。花芽较大而饱满，开花较早，花粉量多，自交亲合，并可为同花期品种授粉。抗裂果。抗寒性较强。

艳阳

孙玉刚提供

育种单位：加拿大太平洋农业与食物研究中心。

果实形状：圆形，果柄中长。

果实颜色：果色深红色至黑红色，充分成熟时紫黑色，有光泽。

果实重量：果实特大，平均单果重 13 克，最大可达 22 克。

果实品质：风味酸甜，味浓，质地较软，多汁，含可溶性固形物 18%。

成熟期：成熟期比伯兰特晚 18～20 天，在北京地区 6 月上中旬成熟。

栽培习性：树势强健，树姿开张，树冠中大。幼树生长快，树势较强，半开张。丰产性能好，高产稳产，可连续高产，且果实大；成年树如生长过旺会导致果实变小，含糖量下降。叶片大，深绿色。抗裂果性、抗寒性较强。

佳红

育种单位：辽宁省大连市农业科学院。

果实形状：宽心脏形，大而整齐。

果实颜色：果皮薄，浅黄色，阳面着浅红色。

果实重量：平均单果重 10 克，最大 13 克。

果实品质：果肉浅黄色，质脆，肥厚，多汁，风味酸甜适口，含可溶性固形物 19.75%，品质上等；核小，粘核，可食率 94.58%。

成熟期：北京地区 6 月上中旬成熟。

栽培习性：树势强健，生长旺盛，幼树生长直立，结果后树姿逐渐开张，一般 3 年开始结果，初果期中、长果枝结果，逐渐形成花束状果枝，5～6 年生以后进入高产期。花芽较大而饱满，花芽多，花冠较大，花粉量多，连续结果能力强，丰产。

萨米特（Summit）

育种单位：加拿大太平洋农业与食物研究中心。

果实形状：心脏形。

果实颜色：紫红色，光亮美观。

果实重量：果实大，平均单果重

11 ～ 13 克。

果实品质：果肉硬，口味甜，风味浓，品质上等；果皮韧度较高，裂果轻，商品性能好。

成熟期：成熟期比伯兰特晚 16 ～ 18 天，北京地区 6 月上中旬成熟。

栽培习性：树势中庸健壮，叶片较小，节间短，树体紧凑，早果丰产性能好，产量高。初果期多以中、长果枝结果，盛果期以花束状果枝结果为主。花期较晚，适宜晚花品种作为授粉树。

巨红

育种单位：辽宁省大连市农业科学院。

果实形状：宽心脏形。

果实颜色：阳面着红晕，有光泽。

果实重量：果实大而整齐，平均单果重 8 ～ 9 克。

果实品质：果肉浅黄色，肉脆，肥厚多汁，风味酸甜，可溶性固形物 19.1%，果核中等大小，粘核，可食率 93.12%。

成熟期：北京地区 6 月中旬成熟。

栽培习性：树势强健，生长旺盛，幼树生长直立，盛果期后逐渐半开张。初期以中长果枝结果为主，盛果期以短果枝和花束状果枝为主。早果性好，丰产稳产。

彩虹

育种单位：北京市农林科学院林业果树研究所。

果实形状：果形扁圆形，果柄中长。

果实颜色：初熟时黄底红晕，完熟后全面鲜红色，具光泽，十分

图解樱桃良种良法

艳丽美观。

果实重量：果个大，平均单果重 8.0 克，最大果重 10.5 克。

果实品质：可溶性固形物 19.4%。果肉黄色，质地脆，汁多，风味酸甜可口。

成熟期：北京地区果实发育期 65～70 天，6 月上中旬成熟，成熟期晚于红灯，介于红蜜和雷尼之间。

栽培习性：树姿较开张，成枝率高，早果丰产性好，初果期以中长果枝结果为主，进入盛果期后，以中短果枝和花束状果枝结果为主，丰产稳产。花期较早。进入盛果期后，应注意对结果枝组及时回缩，防止结果部位外移。

雷尼（Rainier）

育种单位：美国华盛顿州州立大学。

果实形状：扁圆形，果柄短。

果实颜色：果皮黄色，阳面鲜红色，充分成熟时果面全红，光泽亮丽。

果实重量：果个大，平均单果重 8～9 克。

果实品质：果肉硬，质地脆，可溶性固形物 18%，品质极佳。

成熟期：在北京地区 6 月中旬成熟，比巨红早 3～5 天。

栽培习性：该品种树势强健，树冠紧凑，幼树生长较直立，随树龄增加逐渐开张，枝条较粗壮、斜生。幼树结果早，以中、长果枝结果为主；盛果期树以短果枝和花束状果枝结果为主，丰产稳产。花芽大而饱满，花粉多。抗裂果，抗寒性强。

胜利（乌克兰 3 号）

育种单位：乌克兰农业科学院灌溉园艺科学研究所。

果实形状：近圆形，梗洼宽，果柄较细。

果实颜色：果皮深红色，充分成熟黑褐色，鲜亮有光泽；果汁鲜艳深红色。

果实重量：平均单果重 10 克以上。

果实品质：果肉硬，多汁，耐贮运，味浓，酸甜可口，可溶性固形物 17%。

孙玉刚提供

成熟期：晚熟，比红灯晚 20 天，烟台地区 6 月下旬成熟。

栽培习性：树体高大，树姿直立，长势强旺，干性较强。进入盛果期后，连续结果能力较强，产量稳定。

先锋（Van）

育种单位：加拿大太平洋农业食品研究中心。

果实形状：扁圆形，果梗短粗。

果实颜色：果皮紫红色，有光泽，艳丽美观。

果实重量：平均单果重 8 克，最大果重 10.5 克。

果实品质：果肉紫红色，丰满肥厚，硬脆多汁，甜酸适度，可溶性固形物 17%，品质上等。

成熟期：果实生育期 50 ~ 55 天，比伯兰特晚 20 天，北京地区 6 月中旬成熟。

栽培习性：该品种树势中庸健壮，新梢粗壮直立，以短果枝和花束状果枝结果为主，花芽容易形成，大而饱满，花粉量多，是优良的授粉品种。幼树早果性好，丰产稳产，果实裂果轻，耐贮运，树体抗寒性强和越冬性好。产量过高时果实易变小。

红手球

育种单位：日本山形县立园艺试验场。

孙玉刚提供

果实形状：短心脏形，果柄短。

果实颜色：果皮底色为黄色，果面色为鲜红色至浓红色，完全成熟果肉呈乳黄色。

果实重量：平均单果重 10 克，最大果实重 13 克。

果实品质：果皮薄，果肉硬，黄色，质地脆；果汁多，风味优，甜酸适口，可溶性固形物 17% ~ 20%。

成熟期：晚熟品种，比红灯晚 20 天，北京地区 6 月中下旬成熟，烟台地区 6 月下旬成熟。

栽培习性：幼树树势强，枝条直立，萌芽力和成枝率极强，成花早，早果性好，定植后第二年开始结果。结果树树势中庸、树姿开张，花芽着生较多，具有较好的丰产性。授粉品种有南阳、佐藤锦等。抗流胶病，抗裂果，抗寒。

甜心（Sweetheart）

孙玉刚提供

育种单位：加拿大太平洋农业食品研究中心。

果实形状：圆形。

果实颜色：果皮红色，果肉紫红色。

果实重量：平均单果重 9 ~ 11 克。

果实品质：果肉硬，中甜，风味好，具清香，可溶性固形物 18.8%。

成熟期：极晚熟品种，成熟期比宾库晚 20 ~ 22 天，北京地区比先锋晚 1 周，为优良的极晚熟品种。烟台地区 6 月底至 7 月上旬成熟。

栽培习性：树体生长旺盛，树姿开张，自花结实，早实丰产，每年需要适当的修剪，新梢摘心，以防止结果枝过密。果实成熟后宜分批采收。易患白粉病，需及时防治。

晚红珠（8-102）

育种单位：辽宁省大连市农业科学院。

果实形状：宽心脏形。

果实颜色：全面洋红色，有光泽，果肉天竺葵红。

果实重量：果实个大，平均单果重 8 ~ 9 克。

果实品质：质较脆，肥厚多汁，风味酸甜可口。可溶性固形物 17% ~ 20%。

成熟期：极晚熟品种，比先锋晚 1 ~ 2 周，北京地区 6 月下旬成熟。

栽培习性：幼树树势强，萌芽力和成枝率均强，结果树树势中庸、树姿开张。成花早，早果性好，盛果期树以花束状结果枝结果为主，花芽着生较多，极丰产。果实成熟时，有脱柄现象，采收时注意。在北京地区枝干阳面有日灼现象，导致枝干流胶和死亡，应注意防护。

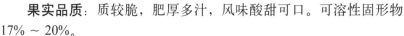

第三章

甜樱桃苗木繁育

一、甜樱桃砧木资源

栽培上使用的甜樱桃苗木一般通过嫁接培育，嫁接苗的根系部分称为砧木。甜樱桃砧木品种的选择非常关键，所谓"樱桃好吃树难栽"，难点在于适宜砧木选择。适宜的砧木品种，首先要求与甜樱桃嫁接亲和性好、繁殖容易、固地性好、对土壤条件和气候特点等有较强的适应性，还要求能够提高樱桃产量、品质，能使树体矮化、促进提早结果等。目前生产中常使用中国樱桃、酸樱桃或其杂种樱桃作为砧木。

1. 中国樱桃（P. pseudocerasus）

中国樱桃起源长江流域，在四川、安徽、江苏、浙江、江西、山东、陕西、甘肃、河南、河北、北京等地均有栽培。中国樱桃为小乔木，

中国樱桃嫩梢

中国樱桃生长状

树高 5 ～ 8 米，树干暗灰色，新梢青绿色。叶片暗绿或鲜绿色，多为卵圆形，具短绒毛。果实小，红色或黄色，果皮薄，肉软多汁，风味甜，不耐贮运。采用扦插、压条、分株或播种繁殖。中国樱桃须根发达，缺乏粗壮的主根，与甜樱桃嫁接亲和力好，嫁接树生长旺盛，丰产，经济寿命长。较抗根瘤病，耐旱、耐涝性较差，在风多的地区，大树容易倒伏。生产中应用较多的有大叶草樱、莱阳矮樱、北京对樱等类型。

2. 酸樱桃 (P. cerasus)

酸樱桃为小乔木，原产欧洲，在欧美等国栽培广泛，果实主要用于加工，少数品种可以鲜食。酸樱桃砧木苗多用种子播种、扦插、组织培养等方式繁殖。酸樱桃根系发达，主根粗壮，细长根较多，须根少而短。与甜樱桃品种的嫁接亲合力很强，嫁接植株生长旺盛、丰产、寿命长。

酸樱桃

但不抗根瘤病。我国山东烟台历史上多用酸樱桃品种毛把酸实生播种苗作为甜樱桃砧木繁育甜樱桃嫁接苗。

3. 马哈利樱桃

原产于欧洲中部地区，是欧美各国广泛采用的甜樱桃和酸樱桃砧木。马哈利樱桃为小乔木，树体生长旺盛，树冠开张，新梢细而且皮薄。果实 7 月份成熟，果个小，黑色或黄色，不能食用。叶片小，椭圆形，深绿色，具光泽。根系发达，固地性良好，抗风能力强，耐旱，耐盐碱，但不耐涝，适合在壤土和沙壤土中栽培，在黏重土壤中生长不良。马哈利樱桃常用种子播种繁殖，出苗率高，砧木苗生长旺盛，播种当年即可嫁接。马哈利樱桃与甜樱桃嫁接亲和力强，嫁接树结果早，产量高，果实大，抗逆性强。但在北京地区，马哈利樱桃越冬抽条较严重。

马哈利樱桃嫩梢

马哈利樱桃生长状

4.杂种樱桃

通过樱属植物不同种之间的远缘杂交，成功培育了一些杂种樱桃用作甜樱桃和酸樱桃的砧木，在世界主要樱桃生产国推广应用。部分砧木已经引入我国。

（1）吉塞拉系（Gisela） 德国育成，现有 17 个号，其中吉塞拉 5 号和吉塞拉 6 号在我国开始小面积测试。吉塞拉 5 号和吉塞拉 6 号

吉塞拉 6 号新梢及生长状

均为酸樱桃和灰毛叶樱桃的杂交后代，根系发达，抗寒性强，抗病毒病，能诱导早花早果，和大多数甜樱桃品种亲合，嫁接 2～3 年后开始结果，是世界上广泛试栽的矮化砧木。吉塞拉 5 号嫁接树只有乔化砧 F12/1（马扎德樱桃）的 30%～60%，吉塞拉 6 号不如吉塞拉 5 号矮化，但耐涝耐旱。吉塞拉 5 号和吉塞拉 6 号一般采用嫩枝扦插、组织培养方法繁殖。

（2）F8 北京市农林科学院林业果树研究所以先锋和对樱桃杂交育成。F8 树高 4～6 米，新梢青绿色，叶片大而绿，卵圆形，具短绒毛。生长旺盛，根系发达，根蘖少，固地性好；较抗盐碱，抗褐斑病，耐根瘤，土壤适应性强；嫁接亲和力好，大小脚现象不明显；嫁接树枝条开张，幼树成花早。

F8 枝条及生长状

二、甜樱桃苗木繁育

甜樱桃生产中嫁接用的砧木多通过实生及无性繁殖（扦插、压条、分株等）方式进行，如中国樱桃、杂种樱桃。本书重点介绍砧木的扦插繁殖方法。

（一）砧木的扦插繁殖

扦插繁殖是除组织培养外商业生产中使用最多、繁殖效率最高的无性繁殖方法，这种方式生产的砧木苗没有遗传性的变异，个体间整齐一致，但一般没有主根。扦插方法按扦插材料分有枝插和根插2种，枝插又分为硬枝扦插和绿枝扦插。扦插方式可采取畦插或垄插。疏松的土壤一般用平畦扦插，黏重土壤可用高垄扦插。

茎段扦插后能否发根、发根多少及快慢是扦插苗成活的关键。影响扦插苗成活的因素与砧木特性、插段积累营养物质的多少、生长调节物质有关，还与插段的枝龄和母体树的树龄大小有关；此外，插床的温度、光照、水分、氧气、基质酸碱度等均对插段成活有影响。

1. 绿枝扦插

小拱棚绿枝扦插

保证叶片完好，保持扦插环境弱光照和高湿度的条件，是樱桃绿枝扦插成败地关键。樱桃绿枝扦插一般要求光照控制在自然光照的30%～70%，湿度控制在70%～90%。

在遮阴棚内建设苗床，苗床宽0.8～1.2米，底部铺15厘米左右的粗沙石，上部填满河沙，厚20～30厘米。苗床上方40～50厘米高度处安装弥雾或喷雾设备。为了更好地保湿，苗床上可以加扣塑料薄膜。

扦插时间在6～9月份均可进行，由于不同砧木绿枝扦插适宜的木质化程度有所差别，最适宜的绿枝扦插时间也不尽相同。一般中国樱桃、考特、吉塞拉等适宜当新梢半木质化时扦插成活率较高，可以于在6月底到8月中分批次进行。

插条剪成15～20厘米长，仅保留上端1～2个1/3叶片或1个完整叶片，下部叶片连同叶柄去掉。插条上端剪成平口，下端斜剪，剪口要求平整。剪好的插条要随时扦插，或立即将基部浸入清水中遮阴待用。扦插前可以采用生长素类生长调节剂（如 ABT 生根粉等）处理插条基部，以促进生根。

扦插密度为行株距（10 ~ 15）×（5 ~ 10）厘米。扦插时，先用竹签或木棍打孔，直插与斜插均可，把绿枝插入孔内，深度为 5 厘米左右。叶片不能接触地面，并保持叶面的清洁。

扦插后白天要持续喷雾保湿，喷雾用水要事先进行晾晒，使水温和苗床土温相近。中午温度过高时打开塑料膜通风，但不能停止喷雾。晚间可以关闭喷雾设备，盖严塑料膜保湿。插后 15 天左右插条开始生根，15 ~ 20 天后，逐渐减少喷雾次数。扦插成活后，移栽到沙土中，沙土比例为 3：1，并进行喷雾和遮阴。樱桃绿枝插条生根缓慢，砧木当年生长量很小，扦插成活的砧木幼

扦插苗生根状况

苗当年直接大田移栽成活率不高，可以于第二年春天再移栽。

可以直接在塑料营养钵中扦插，基质以河沙为主，插后将营养钵码入苗床生根，生根苗于荫棚中养护，冬季直接覆盖越冬。

绿枝扦插一定要精心管理，如喷雾、降温、遮阳等，稍有忽视即可导致扦插失败。

2.硬枝扦插

硬枝扦插所用的插条获得容易，插条贮备养分充足，操作比绿枝扦插简单，对插床的温湿度条件要求相对较低。但硬枝扦插的成败与砧木种类关系很大。马扎德、马哈利砧木硬枝扦插成活率很低，一般不用这种方法。中国樱桃、考特可用硬枝扦插繁殖相对容易，生产中使用较多。

扦插用的枝条最好采自无病健壮的母株上，以树冠外围一年生、粗度在 0.5 厘米以上的枝条为宜。插条按每 50 ~ 100 枝一捆，冬季埋藏、湿沙藏、菜窖内埋藏或室外沟藏均可。

扦插前将插条剪成 10 ～ 15 厘米长，基部斜剪，顶部平剪。剪好的插条基部浸蘸生根剂，根旺、生根粉等均可，使用方法参照说明书进行。扦插时，无论畦插或垄插都要先开沟，沟深约 10 厘米，行距 30 厘米，株距 8 ～ 10 厘米。插条斜插入土中，与地面保持 30°角左右。培土厚度与接穗上口平齐或高过 1 ～ 2 厘米，以利保水并防止抽条。插条插入后埋土前要充分灌水。插后 10 ～ 15 天，当芽萌动时再灌一次大水。以后则根据土壤墒情和降雨情况半月左右浇一次水，每次浇水后要立即进行中耕保墒。当新梢长到 20 厘米左右时，结合灌水每 667 平方米追施 5 ～ 7 千克尿素或 1000 千克人粪尿以促进幼苗生长。在雨季来临之前要及时沿苗行起垄培土，培土厚度以能埋住新梢茎部为宜，以促进扦插苗分枝生根。入夏以后，加粗生长增强时要追施一次速效性氮、磷肥，促使砧木苗加粗生长，增加当年能够达到嫁接粗度的砧木苗数量。当部分砧木苗木粗度达 0.7 厘米以上时，即可进行芽接。

（二）嫁接育苗

甜樱桃的嫁接方法主要有芽接和枝接两类方法。春季嫁接时间一般在 4 月份，当砧木顶芽芽尖露白时进行。秋季多采用带木质部芽接，嫁接时间一般在 8 月末到 9 月中旬。

1. 芽接

甜樱桃芽接多采用带木质芽接法，接穗的芽位处应带有少量木质部，这是因为甜樱桃韧皮部发达，芽眼突出，皮层薄，采用常规的"丁"字形芽接在削接穗时容易造成接芽内部空心。

具体做法是：

甜樱桃嫁接育苗

(1) 取生长充实的新梢，去掉叶片后用嫁接刀在接芽以下 2.5 厘米处横向深削达木质部。

(2) 再自接芽上方 1 厘米处顺势向下平削到芽下方切口位置。

(3) 取下近似长条形的芽块。

(4) 接合与绑缚：在砧木苗距地面 5 ~ 10 厘米处选平滑部位采用与削接穗相同的办法进行切削，切成深达木质部，长度刚好能容纳芽

块为度的接口。将芽块插入到砧苗接口内使芽块与接口吻合。然后绑严包紧，仅露出芽和叶柄。

砧木切削

接合

绑缚

2.芽接注意事项

(1) 芽接最适时期在北京地区一般是 8 月下旬至 9 月上旬，平均气温 25℃左右时进行，如果砧木是吉塞拉系列，应适当提早到 8 月中旬开始芽接。

(2) 接穗一定选用当年生发育充实、芽体饱满的枝条，秋梢、摘心后发出的二次梢以及二年生枝条作接穗均影响嫁接成活率。

(3) 接穗削面要长，约略带木质部即可，不要带过厚的木质部，否则容易导致流胶、"皮活芽不活"、次年萌发抽枝后死亡等现象。

(4)绝大部分适宜育苗的地区，接芽裸露可正常越冬，因此绑缚时，尽量不要将芽包裹在内，若包裹在内，注意不要绑缚过紧，以防因接芽成活后迅速生长而导致芽体受损。此外，绑扎完毕，绳结一定在接芽上方 0.5 ~ 1 厘米以上处，便于萌发后剪砧时解绑，不要将绳结打在芽下方。

(5) 与桃、苹果、梨等树种不同，接后 1 周叶柄正常脱落并不意味着嫁接成活，一般接后 15 ~ 20 天是检查嫁接是否成活的时期，此期接活的芽具有光泽，并且芽体明显膨大，如果芽体发黑，没有生长的迹象，则表明芽未成活，需及时补接。

(6) 冬季寒冷地区为防止冻害及抽条，应用细土将嫁接苗埋上。

(7) 甜樱桃在嫁接期间不宜灌水，也要避开雨季，以免严重流胶而影响接口愈合。如果春季干旱，可于嫁接前7天灌足1次透水即可，嫁接后2个星期内不再灌水。

(8) 春季接芽萌发后，应及时进行剪砧和解绑，对于砧木上的萌芽要及时清除，以保证接芽正常生长。

3.枝接

甜樱桃枝接常用于大树的高接换头、修复枝冠、恢复树势等。与芽接相比，枝接需要较多的接穗，操作不易掌握，要求砧木有一定粗度，故应用不如芽接广泛。目前常见的枝接方法有劈接、合接、腹切接等，具体接法可查阅相关书籍，在此不作赘述。

合接

腹切接

第四章

甜樱桃栽培技术

一、甜樱桃适宜种植的环境条件

1.温度

甜樱桃适宜种植在年平均气温 10 ~ 12℃的地区。萌芽期适宜的温度是 10℃，开花期为 15℃，果实成熟期为 20℃。休眠期低温（0 ~ 7℃）需求量为 400 ~ 1500 小时，一些典型品种的需冷量见表4-1。

表 4-1　甜樱桃低温需求量

品种	0 ~ 7℃需求时间（小时）
滨库	900
法兰西皇帝	1300
早伯兰特	1300
先锋	1350
海德芬根	1400

引自 Webster A.D. 等

年均气温 10℃以下的地区种植樱桃的主要限制因素是冬季温度过低，冻害严重。冬季气温在 − 18 ~ − 20℃时甜樱桃即发生冻害，在 − 25℃时，可造成树干冻裂，大枝死亡。地温在晚秋 − 8℃以下、冬季 − 10℃、早春 − 7℃以下时，甜樱桃的根系会遭受冻害。冬春季宾库樱桃芽的抗寒性见表 4-2。

表 4-2 美国华盛顿州 Prosser 地区宾库樱桃芽的平均冻害温度（℃）

芽发育期	10％致死温度	50％致死温度	90％致死温度
休眠期	− 35 ～ − 14.3(年份不同，差异很大)		
芽膨大期	− 11.1	− 14.3	− 17.2
芽侧见绿	− 5.8	− 9.9	− 13.4
芽尖吐绿	− 3.7	− 5.9	− 10.3
花蕾接触	− 3.1	− 4.3	− 7.9
花蕾分离	− 2.7	− 4.2	− 6.2
第一次白花期	− 2.7	− 3.6	− 4.9
初花期	− 2.8	− 3.4	− 4.1
盛花期	− 2.4	− 3.2	− 3.9
落花期	− 2.1	− 2.7	− 3.6

引自 Webster A.D. 等

甜樱桃在年平均气温 12℃以上的地区，一般冬季高温不能满足甜樱桃休眠期对低温的需求。另外，这些地区往往生长季温度高且多雨，枝条徒长，病害严重。花芽分化初期的高温天气还会抑制花芽分化，产生大量畸形花，如双子房花等，来年形成"双生果"。

2. 水分

甜樱桃适宜于年降水量 600 ～ 800 毫米的地区生长，对水分的需求总体上与苹果、桃相似，但相对更适宜冬春多水、夏秋少水的条件。

樱桃采收前，当土壤含水量为总有效水分的 40％ ～ 60％时应该灌溉，以免影响树体和果实的正常生长发育。果实采收后适当控制灌水是有利的，并且不会降低来年的产量和品质。

3. 土壤

甜樱桃属于浅根树种，主根不发达，适宜土质疏松、不易积水的地块，以保肥保水良好的沙壤土或砾质壤土为好，土层深度在 80 ～ 100 厘米以上。

甜樱桃耐盐碱能力较差，适宜种植于微酸性的土壤，pH 值为 6.0 ～ 7.5，含盐量不高于 0.1％。

４.光照

甜樱桃为喜光树种，全年日照时间应为 2600 ～ 2800 小时。对光照的要求仅次于桃、杏，比苹果、梨更严格。

５.地形地势

甜樱桃适宜种植于丘陵和平原不易积水的地区，低洼地易受低温、积水等危害，不易种植。

二、建园技术

1.樱桃品种选择搭配

(1) 选择品种时，首先要考虑品种的经济性状，选择个大、质优的品种。其次选择适宜当地气候条件的品种，如雨水多的地方需要考虑品种的抗病性、抗裂果能力。最后根据地理位置、市场情况综合考虑早中晚熟品种的搭配比例。

(2) 除考虑品种的经济性状外，还应该注意配置授粉树。甜樱桃除少数品种外，种植单一品种只能开花却不能结果，该现象叫做甜樱桃自交不亲和现象。通常甜樱桃果园授粉品种配置不少于 30%，并且花期相遇，这样才能实现优质高产的栽培目的，获得极高的经济效益。可以通过种植较多的品种，使 3 ～ 4 个以上的不同品种相互搭配授粉。

并非所有的品种组合都能够相互授粉。大量的研究表明甜樱桃的自交不亲合现象由基因组 S 位点控制，每个甜樱桃品种均含有 2 个 S 等位基因，如果 2 个品种的 2 个 S 等位基因相同，则不能相互授粉。表 4-3 列出了部分品种的 S 等位基因，只有选择位于不同组，S 等位基因不完全相同的品种进行组合才能相互授粉。凡含有 S4ˈ 的品种为自交亲和品种，可以单一品种结果，同时又可以作为其他品种的授粉树。

表4-3　部分甜樱桃品种的 S 基因型和自交不亲和群组

群组	基因型	品种与来源
第 1 组	S1S2	萨米脱 (Summit)[EM. BC. NY. BJ]，大紫 (Black Tartarian)[BC]
第 2 组	S1S3	先锋 (Van)[AH]，Early Star[BJ]，Lala Star[EM]，Gil Peck[KY]，Techlovan [BJ]
第 3 组	S3S4	那翁 (Napoleon)[EM. BC. NY. MI. BJ]，宾库 (Bing)[EM. BC. NY. BJ]，红丰[BJ]，Ulster[EM. BC. NY]，Münchebergi Korai[BJ]，Solymari Gomb ölyu[BJ]
第 4 组	S2S3	Vega[EM. BC. NY. BJ]，Rubin[BJ]，Linda[BJ]
第 5 组	S4S5	Turkey Heart [EM]
第 6 组	S3S6	佐藤锦 (Satonishiki) [KY. BJ]，选拔佐藤锦[BJ]，红蜜[BJ]，5−106[BJ]，黄玉 (Governor Wood)[EM. NY. BJ]，南阳 (Nanyo)[KY]，考地亚 (Kordia)
第 7 组	S3S5	海德芬根 (Hedelfinger) [EM. BC. MI. BJ]
第 8 组	S2S5	Vista[BC]
第 9 组	S1S4	雷尼 (Rainier) [EM. BC. NY. BJ]
第 10 组	S6S9	8−102[BJ]
第 11 组	S2S7	早紫 (Early Purple) [KY. MI]
第 12 组	S2S4	萨姆 (Sam)[EM. NY]，Schmidt[EM. BC. NY]，Vic[EM. BC. NY]，Katalin[BJ]，Margit[BJ]
第 13 组	S1S5	Big. Dragon[BJ]
第 14 组	S5S6	Colney[EM. AH]
第 15 组	S3S9	伯兰特 (Bigarreau Burlat)[EM. BC. MI. BJ]，红灯[BJ]，抉择[BJ]，莫莉 (Bigarreau Mereau)[EM. BJ]，红艳[BJ]，早红宝石[BJ]，美早[BJ]
第 16 组	S4S6	Elton Heart[BC. BJ]，Merton Glory[EM. KY]，佳红[BJ]
第 17 组	S1S9	丰锦 (Yutakanishiki)[BJ]，友谊[BJ]，奇好[BJ]，早大果[BJ]，极佳[BJ]，Valerij Cskalov[BJ]
第 18 组	S4S9	龙冠[BJ]，巨红[BJ]，8−129[BJ]
自交可育组	S1S4′	拉宾斯 (Lapins)[BJ]，塞莱斯特 (Celeste)[BC. BJ]，甜心 (Sweet Heart) [BC. BJ]
	S3S4′	斯坦拉 (Stella)[BJ]，艳阳 (Sunburst)[BJ]

AH：德国 Ahrensburg；BC：加拿大 British Columbia；BJ：北京林果所；EM：英国东茂林实验站；KY：日本 Kyoto；MI：美国密西根；NY：美国纽约

2.园地规划

在充分了解园址的自然气候条件、农业设施和人文环境状况后，对选择的园址要进行合理规划，规划出生产区和非生产区。生产区就是樱桃种植区，所占比例不应少于70% ~ 80%；非生产区包括房屋、道路、排灌水和防风林等，房屋、道路、排灌水应根据实际需要进行设置。

防风林主要设在迎风口，方向与风害方向垂直，宽度以 8 ~ 10

米为宜。防风林的防护范围约为防风林高度的 20 倍，它能降低风速，增加果园空气相对湿度，提高春季气温，减轻晚霜和低温对果树的危害。

3. 密度

平地果园定植密度采用（4 ～ 5）米 ×（2 ～ 3）米，每 667 平方米种植 44 ～ 83 株。山地和丘陵地果园种植密度可适当加大些。

4. 整地

在平地果园栽植甜樱桃最好使用起垄栽植，这样既可防止雨水积涝，又能有效的增加土壤透气性，提高根部温度，加速樱桃苗的生长发育。山地和丘陵地果园要修筑梯田，走向因地势而异，并翻耕、耙平。

平地果园垄栽，垄向以南北方向为宜，定植前先依照株行距延行向

平地起垄栽植果园

挖宽 1 米、深 0.8 ～ 1 米的沟。挖沟时将表土和底土分开放置，挖好后及时施肥回填，有机肥施用量每亩 3 ～ 5 吨。先于沟底填 30 ～ 50 厘米厚的秸秆和原土层的混合物，踏实，再回填表土和有机肥，表土和有机肥要混匀，填满后踏实，此后灌水，待土下沉后再使用混有有

挖定植穴，表土与底土分开放置

机肥的表土起垄，垄高 20 ~ 40 厘米，垄底宽 1.2 ~ 1.5 米，垄顶宽 0.8 ~ 1.0 米。

若人力紧张，也可只挖定植穴，要求挖 1 米见方、深 0.8 ~ 1 米的定植穴，其余措施可参考上述整地方法。

5.苗木处理

选用生长健壮、根系发达、枝芽充实饱满、无病虫害的合格苗木，这样的苗木种植后缓苗快，生长健壮，开花结果也早。弱苗定植后生长缓慢，进入丰产期也晚，如管理不善还容易成为小老树，严重影响樱桃的产量和品质。

购买的苗木要进行假植。选背风蔽阴处，挖 30 ~ 50 厘米深的假植沟，将苗木根系放入沟中斜靠在沟坡上，用湿土埋住苗根，边埋边抖动苗干，然后踏实，苗上覆盖秸秆或棉被等防风防寒。在定植前，将苗木从假植沟中取出，浸水 12 小时，使小苗吸足水分。此后修剪根系，大根剪出新茬，并去除裂损烂坏的部分，然后蘸生根粉和 K84 菌液，以促发新根，防治樱桃根瘤病。

6.定植

定植时期：多于春季土壤解冻后定植，适当晚植（苗木萌芽前）有利于提高成活率。

按照计划好的种植密度，用白灰或树棍标出定植点的位置，以定植点为中心于垄上挖 30 厘米左右见方的小坑，将处理好的苗木垂直放入坑内，要求苗木原土印与垄面相齐。把根系舒展开来，缓缓将挖出的土填入，边填土边踏实，同时将苗木轻轻上提，使根系与土壤密接，培土略高于垄面，踏实后灌水。待水渗下去以后，对下沉、歪斜的苗木进行纠正，重新培土。

7.定植后的管理

(1) 定干

定植灌水后，地面稍干，就可及时定干。根据计划采用的树形要求确定定干高度，甜樱桃多采用纺锤形整形，一般定干高度 80 ~ 100 厘米。剪口下 30 ~ 40 厘米为整形带，芽必须饱满。定干时剪口与第一芽距离要稍大，以防该芽失水抽干或影响生长。为减缓顶端优势，可以将剪口芽下方10厘米内的芽抹除。

（2）覆膜

定植后等地面稍干，就可以整平树盘，在垄上覆盖地膜。地膜以稍厚的黑色地膜为好，可以有效地减轻杂草生长，同时有利于保持土壤水分，提高地温。

定植后定干

（3）套塑料膜筒

为防止早春苗木风干以及金龟子等食叶类害虫的危害，定干后，可以在苗干外套塑料膜筒。塑料膜筒长度比干略长，上口封严，在苗干的中部和下部各绑一道绳，以防漏气跑湿和被风吹坏，膜筒底端埋入土中以接地气。待发芽展叶后，先打开上口通风，以后随着枝叶的生长，选择阴天逐步解除膜筒。

套塑料膜筒

覆膜

三、整形修剪技术

整形修剪就是要让树体结构和框架布局合理，生长健壮，发育均衡，并保证果园和树体的通风透光，以提高果园的生产效率和经济寿命，实现早果、优质、丰产、壮树的栽培效果。

整形修剪技术措施与所采用的树形、树龄、砧木和品种等密切相关，另外还与当地的气候特点、土壤的肥沃程度、采用的灌溉措施等有关，不可完全生搬硬套，唯有灵活运用，不断摸索，才能取得理想的效果。

1. 整形修剪相关的术语

(1) 主干　从根颈以上到着生第一个分枝的部位的树干。

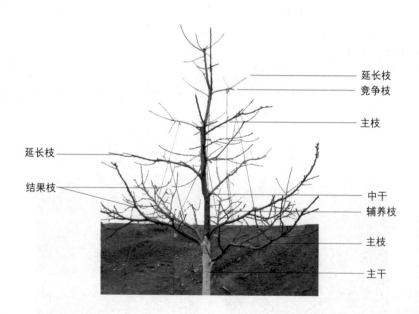

(2) 树冠　主干以上的整个树体部分。树冠由各种枝类组成，分为中干、主枝、侧枝、发育枝、结果枝等。

(3) 中干　树干以上，在树冠中心向上直立生长的骨干枝，又称为"中央领导干"。

(4) 主枝　从中央领导干上分生出来的大枝，是树冠的主要骨架。

(5) 侧枝　从主枝上分生出来的，具有一定位置、方向和角度的最末一级骨干枝，其长势、长度都低于主枝。

(6) 骨干枝　中央领导枝、主枝、侧枝都是树冠的骨架，称为"骨干枝"。

(7) 辅养枝　从骨干枝上分生出来的，作为临时补充空间用的，并用来辅养树体增加产量的枝叫"辅养枝"。

(8) 背上枝　在水平枝或斜生枝背上萌发的枝条，多直立生长，这一类枝条称为"背上枝"。

(9) 徒长枝　一般由潜伏芽萌发而成，直立且生长旺盛不易成花的枝条称为"徒长枝"。

(10) 竞争枝　与剪口下第一芽枝粗度、长势近似的枝条，通常为第二芽枝。此类枝条处理不好，往往扰乱甜樱桃的树形。

(11) 发育枝　一年生枝条侧芽和顶芽都是叶芽的叫"发育枝"。

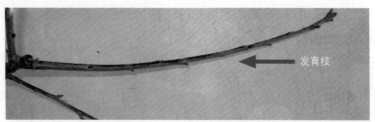

发育枝

(12) 结果枝 着生花芽的，并能正常开花结果的枝条称为"结果枝"。甜樱桃的结果枝按长度的不同可分为混合果枝、长果枝、中果枝、短果枝和花束状果枝。

混合果枝: 混合果枝长度在30厘米以上，除基部几个芽为花芽外，其余全部为叶芽。

长果枝：长度为15 ~ 30厘米，基部侧芽为花芽，顶芽及中上部芽均为叶芽。结果后，基部光秃，上部则继续抽生不同长度的果枝。一般在初果期树上比例较大。

中果枝：长度为5 ~ 15厘米，除顶芽为叶芽外，其余芽均为花芽。不是樱桃的主要结果枝类型。

短果枝：长度在5厘米左右，除顶芽为叶芽外，其余芽均为花芽。在二年生枝中下部较多，花芽质量高，坐果力强，果实品质好。

花束状果枝：长度极短，年生长量极少，除顶芽为叶芽外，其余芽均是花芽。节间极紧凑，芽密集簇生，是甜樱桃盛果期时的最主要结果枝类型，花芽质量好，坐果率高，是丰产稳产的保障。花束状果枝寿命可维持7 ~ 10年以上。

长果枝　　　　中果枝　　　　短果枝　　　花束状果枝

长果枝

中果枝

短果枝

花束状果枝

(13) 结果枝组　由若干个结果枝组成的，组合结果单位称为"结果枝组"。结果枝组按大小可分为大型结果枝组、中型结果枝组、小型结果枝组。

大型结果枝组

中型结果枝组

小型枝组

(14) 单轴枝组　又称"鞭杆型枝组"，由枝条连年缓放或轻短截，形成主轴明显的以短果枝、花束状果枝为主的细长枝组。

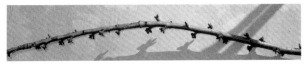

单轴枝组

(15) 芽的早熟性　甜樱桃当年形成的新梢，能连续形成二次和三次分枝，这种特性称为芽的早熟性。利用芽的早熟性，可通过夏剪加速整形，增加枝量，提早进入结果期。

(16) 芽的异质性　在甜樱桃一年生枝的上、中、下不同部位着生的芽，其大小和饱满程度均有差异，这种差别叫"芽的异质性"。芽的异质性和修剪关系密切，骨干枝延长头一般剪到饱满芽处，有利于形成壮枝，促进树冠扩大；而剪到春秋梢交界处或新梢基部瘪芽处，则能有效地削弱枝条长势，促进早结。

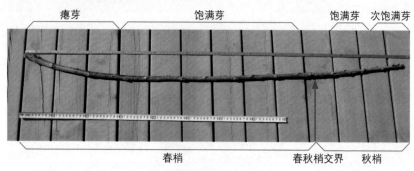

甜樱桃芽的异质性

2.甜樱桃与修剪有关的生长特点

(1) 树势强旺，生长量大

在北方落叶果树中，甜樱桃的生长量最大。在乔砧上，甜樱桃幼树新梢当年可生长2米长。过旺的营养生长，延迟了生殖生长的发育进程，这是樱桃幼树进入丰产期相对较晚的重要原因。

(2) 萌芽率高，成枝力弱

在一年生枝条上萌发芽占总芽数的百分比，叫"萌芽率"。甜樱桃萌芽率高，除基部几个瘪芽外，一年生枝条上的芽在春天都能萌发。一年生枝条上的芽抽生长枝的能力，叫"成枝力"。虽然甜樱桃萌芽率高，但成枝力低，仅先端几个（1～4个）芽能够长成长枝，下部的芽能抽生成中枝的很少，大多数是极短的仅能萌发几个叶的叶丛枝，而这些叶丛枝与母体的连接不牢固，很容易脱落。

(3) 顶端优势强，干性强

枝条顶芽生长抑制侧芽生长的现象叫"顶端优势"。甜樱桃顶端、直立、背上的枝条长势很强，而下端、斜生、背下的枝条长势很弱，枝条的两极分化严重，形成优势枝条徒长、劣势枝条干枯脱落、内膛光秃的现象。如何抑制顶端优势、均衡树势、刺激小枝抽生、防止光秃、立体结果是重要的修剪目标。

3．甜樱桃修剪方法

(1) 缓放

对一年生枝不剪截，由于营养相对较分散，从而缓和了树势，故称缓放。缓放相对增加了中短枝的数量，有利于花芽形成。

连续缓放效果

(2) 短截

轻短截：剪去枝条前端 1/4 ～ 1/3，修剪较轻。与其他短截相比，轻短截削弱了顶端优势，增加了中短枝数量，降低了成枝力，缓和了外围枝的生长势。

修剪前 　　　　　　修剪后 　　　　　　修剪效果示例

中短截：剪去 1/2 左右，剪口下为饱满芽。能够刺激芽的生长，尤其是剪口下端的几个芽，有利于扩大树冠。

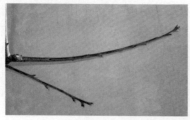

修剪前

修剪后

主枝延长头中短截效果

重短截：剪去 2/3，促发旺枝，增加营养枝和长果枝。

重短截

重短截效果示例

极重短截：一般剪留 5 厘米以内，仅保留基部瘪芽，瘪芽发育不良，抽生的新梢长势弱，从而达到控制树冠和培养花束状果枝的目的。在处理竞争枝和促进旺枝成花时常用该方法。

竞争枝极重短截效果

(3) 疏枝

对于过旺、过密、扰乱树形的枝条从基部去掉，以利通风透光，防止内膛光秃。对于粗大的多年生枝，应分次疏除，以免造成难以愈合的伤口，影响树体的生长发育，樱桃树伤口不易愈合，切忌对口疏除大枝。

疏除竞争枝

疏除扰乱树形、影响通风透光的枝条

(4) 回缩

剪除多年生枝的一部分，称为回缩。回缩主要用于老树、衰弱树或主枝的更新复壮。

回缩前

回缩后

着生于主干上过密的辅养枝，先逐步回缩后再疏除

(5) 刻芽

芽膨大期，在上方刻伤，促进伤口下方芽的萌发和所抽生的新梢的生长。刻芽能减弱枝条的顶端优势，促发中长枝。

在芽上方0.5厘米处刻芽

刻芽深度2毫米左右，长度1～2厘米

刻芽后，伤口愈合良好，当年可形成
花芽，并能持续结果

(6) 摘心

生长季摘除新梢梢尖称为摘心。摘心能抑制新梢的延长生长，增加新梢分支，促进新梢加粗生长。当主枝延长枝生长到 60～80 厘米时，骨干枝延长梢去掉先端 15 ~ 20 厘米摘心，全年摘心 2 ~ 3 次；其他新梢留 20 ~ 30 厘米反复摘心；及时疏除竞争枝和交叉枝；背上枝可以极重摘心，细弱枝不摘心。

背上枝摘心前

背上枝留 5 ~ 8 片叶摘心

(7) 拉枝开角

用绳拉、棍撑等办法将枝条的生长角度加大，以缓和生长势，削弱顶端优势，促进下部枝条和芽的生长发育。拉枝开角还能够调节枝条布局，改善树体内膛的通风透光条件，促进内膛枝芽的发育。拉枝开角全年均可进行，一般在春季用牙签撑开新梢的基角，在 8 月份新梢生长减缓后用绳拉主枝中前部，打开主枝角度。

拉枝开角

4.甜樱桃的丰产树形

(1) 开心形

开心形主干高 60 厘米左右，没有中央领导干，树高 3.0 ~ 3.5 米。主干上均匀分生主枝 3 ~ 5 个，开张角度 30°～ 40°，每主枝上着生 5 ~ 6 个背斜或背下侧枝，侧枝开张角度 50°～ 60°，侧枝上着生结果枝组。

整形过程：第一年定干高度 60 厘米左右，当年选择均衡分布的 3 ~ 5 个健壮新梢为主枝；第二年春季冬剪时主枝剪留 1/2 到 1/3 长度(40～50厘米)，主枝短截后除先端延长枝和背上枝外，可选留2～3个生长旺盛的新梢作为侧枝。第三年，根据空间大小继续选留侧枝，培养结果枝组。

开心形

(2) 小冠疏层形

干高60厘米左右，具中央领导干，树高3.5米左右。主枝5～8个，分2～3层。第一层主枝3～4个，第二层主枝2～3个，第三层主枝1～2个。主枝开张角度45°～60°。层内各主枝间距30厘米，层间距为30～60厘米。第一层主枝可留1～2个侧枝，第二层主枝为2时可留1个侧枝，第三层不留侧枝，直接着生结果枝组。

小冠疏层形　　刘庆忠提供

小冠疏层形的整形过程如下。第一年定干高度80厘米左右，当年选择均衡分布的3～5个健壮新梢为主枝。领导干长到80厘米左右、主枝长到60厘米时摘心，分别剪去先端的15～20厘米。主枝上促发的分支选留1～2个作为侧枝，如无适合新梢，需来年再选侧枝。第二年春季冬剪时，领导干剪留1/2，主枝剪留2/3。在领导干上选择2～3个方向不与第一层主枝重叠的新梢作为第二层主枝，在第一层主枝上选择1～2个新梢作为侧枝，主枝上如留2个侧枝则应分布在主枝的两侧。摘心方法同第一年。第三年冬剪后，根据空间情况，可在领导干选留1～2个主枝作为第三层枝，并完成整个树体骨干枝的整形工作。开张的主枝是通过拉枝完成的，可在秋季8月末进行，也可在春季冬剪后进行。主枝拉枝角度为45°，侧枝为60°，临时枝为80°～90°。

(3) 改良纺锤形

干高80厘米左右，中央领导干直立挺拔，树高3.5米左右或更高，主枝10～15个，在领导干上不分层而呈螺旋状分布或分2～3层，主枝上没有侧枝，直接着生结果枝组。主枝开张角度在80°～120°之间，下层80°～90°，上层90°～120°。主枝细而短，粗度不应超过着生部位干粗的1/2～1/3，下部主枝总长度约1.5米左右，上部更短些。

改良纺锤形

纺锤形整形过程简单，整形快，结果早，品质优，高产稳产，是世界各地普遍推广的树形。定植后80～100厘米定干，剪后第一芽下1～3芽去掉，避免形成竞争枝，新梢长20厘米时采用牙签撑开角度。第二年领导干剪留2/3到1/2，60～80厘米，去掉第一芽下1～4个芽；主枝剪留4/5到1/3，去掉竞争枝和直立枝。第三年继续选留主枝，并保持主枝间的平衡和领导干的生长优势，去掉主枝上的背上枝，保留细弱枝。

5.不同树龄甜樱桃树的修剪特点

(1) 幼树的修剪

幼树的修剪目标是尽快完成整形工作，进入结果期和盛果期。

定植后即定干，定干高度比所采用树形的干高高20～30厘米。加强肥水管理，施用叶面肥，加速新梢生长，一般不疏除主干上萌生的新梢，在生长初期用牙签等将生长直立的主枝和辅养枝新梢基角撑开。当主枝新梢60～80厘米长时，去掉先端15～20厘米摘心，促发分支。

栽后第二年到第四年，修剪特点是冬剪要轻，拉枝开角要大，夏剪要勤。春季冬剪选定主枝，骨干枝延长头轻短截或中短截；结果枝组部位的强枝疏除或极重短截，中枝破顶芽或缓放，细弱枝缓放不剪；竞争枝、背上直立枝疏除，下垂枝缓放不剪。生长期修剪对幼树非常重要，如修剪得当，其效果比冬剪还好，成为幼树快速成形，尽早进入结果期的重要措施。生长期修剪以摘心和拉枝为主。

幼树修剪示例

(2) 成龄树的修剪

成龄树的修剪目标是延长盛果期年限，保持产量稳定，品质优良，树体健壮。修剪特点是轻重配合、局部调整，抑强扶弱、均衡枝势、回缩临时枝、培养内膛枝。

观测树体结构和空间布局，对于强旺枝和强旺部位，采用多疏除、少短截、拉枝、缓放、保果等措施，缓和生长势；对于弱枝或弱势部位，采用中短截和重短截的办法，刺激生长。控制外围枝，更新主枝头，限制侧枝生长，缩小外围结果枝组大小，打开光路；培养内膛结果枝组，充分利用内膛徒长枝、背上枝，刺激内膛弱枝生长，培养内膛结果枝组。疏除主干基部的裙枝；回缩临时枝、辅养枝；落头控高，剪除或拉平中心领导干延长头。

(3) 衰弱树的修剪

衰弱树的修剪目标是更新复壮，延缓衰老，延长经济寿命。修剪特点是重剪回缩，少疏多截，刺激生长，更新复壮。

衰弱树除骨干枝延长头外，几乎都是中短枝，满树花芽，叶芽很少，营养生长衰弱。充分利用旺枝、旺芽、上位枝、上位芽，将骨干枝回缩到营养生长相对旺盛、叶芽多的部位。大枝疏除要留桩，一般长 30 ～ 40 厘米，不可一次疏除，这样不但可以刺激隐芽萌发，同时还可以避免大伤口对树体的不良影响。对结果枝组进行回缩更新，

应去弱留强，减少花芽数量，增加叶芽比例。重视生长季修剪，加强肥水管理，降低产量，做好树体保护工作，促进营养生长，恢复树冠，重建营养生长和生殖生长的平衡，维持较高的经济栽培价值。

衰弱树修剪示例

四、土肥水管理技术

甜樱桃生长发育所需的养分和水分主要是通过根系从土壤中吸收，土层厚薄、土壤质地、土壤肥力均对甜樱桃树的生长和结果有重要影响。因此，良好的土肥水管理是甜樱桃园早果早丰的基础，也是优质安全生产的基本保障。甜樱桃是对土肥水条件要求较高的树种，管理时应先了解樱桃对土肥水的需求特点并结合果园的立地条件进行具体操作。

（一）土壤改良

1.果园土壤质地的改良

有些土壤性状是可继承的，如土壤质地、坡度和排水状况，耕作和栽培措施很难改变它们。对于土壤质地的常见改良方法主要是深翻熟化、客土等方法。

深翻结合施有机肥，可改良土壤结构，尤其对改良深层土壤物理性状更为显著。山区、丘陵地果园，土层较薄，土壤质地较粗，保肥蓄水能力差，活土层以下是半风化的母岩，甜樱桃根系向深层土生长困难，易形成小老树，经过深翻后，可以显著加厚活土层，促进根系下扎，使树体能够健康生长。而平原冲积、洪积或滩涂甜樱桃园进行深翻，可以打破底层的黏板层，有利于改善土壤通气、排水状况。

甜樱桃园土壤深翻，宜在气候温和，果树地上部生长缓慢，而根系进入生长高峰期前进行为宜，一般可在春、夏、秋3个季节进行，以在果实采收后或结合秋季施肥进行深翻效果最好。

春季深翻宜浅，黏重土宜春翻，有助于提高地温，应注意的是春季干旱，风大地区不宜进行春翻，以免引起土壤失水过多。夏季深翻在施完采果肥以后进行，此时雨季发根高峰尚未到来，深翻后可促进发根，并增加山区、丘陵地雨季蓄水量，有利于抵抗秋旱。秋季深翻一般结合秋施基肥在8月下旬至9月份进行，此时正值秋季发根高峰，利于伤口愈合并长出新根吸收养分。

(1) 深翻扩穴

扩穴是樱桃园土壤管理最基本的工作。如果是挖坑定植，定植后，随着树体的生长，根系一年时间就能长满定植穴，不进行扩穴，会产生"盆栽效应"，限制根系生长。从定植后第一年的秋季开始，每年都要进行扩穴，利用3年左右的时间，把全园扩穴一遍。

每年秋季（9～10月份）为深翻扩穴改土的最佳时机，此时可结合施基肥进行扩穴。第一年应先在株间进行扩穴，第二年再进行行间扩穴；扩穴应做到新穴边要与原定植坑的边打通，中间不要有隔层，逐步做到株与株之间、行与行之间完全扩通，使根系分布层没有死土层，有利于根系向行间延伸生长。一些深翻施肥后的樱桃园长势仍然不佳，就是因为深翻时没有打破隔层，根系仍被板结土壤固定在原处无法长出来，已失去深翻的作用。樱桃园扩穴时一般挖深50～60厘米、长80～100厘米的条形或环形沟。在扩穴时，应注意尽量少伤根，特别是直径1厘米以上的大根，这样有利于根系的生长和树势的恢复。粗度在1厘米以上的根切断后伤口不易愈合，大的伤口也易感染根癌病。

(2) 隔行深翻

如果是挖沟定植，可以直接进行隔行深翻。在行间每隔一行翻一行，分2年完成，这样伤根少。深翻在树冠外围开条沟，深60厘米，宽100厘米左右。深翻时，要把表土堆放好。回填压肥时，必须把吸收根处的板结土壤破开。并把表土和较好的肥料放于吸收根周围，只

有这样，才能把吸收根引向土壤中生长。

(3) 全园深翻

这种方法一次需劳力多，但翻后便于平整土地，有利果园耕作。樱桃水平根发达，根系较浅，因此翻土要浅，不可过深。对于4年生以上的樱桃园，要禁止全园深翻。深翻后要立即灌水，使根系与土壤紧密结合。如遇干旱要多次灌水，雨多要及时排水，否则容易引起积涝而烂根。

2. 樱桃园覆盖

甜樱桃园覆盖包括覆草和薄膜覆盖，对于改善樱桃园生态条件、改变土壤结构和肥力，促进樱桃树的生长发育具有良好的效果。

(1) 樱桃园覆草

果园覆草是20世纪80年代初期应用于果园土壤管理的一项新技术，目前全国得到大面积推广。樱桃园实行覆草具有多方面的好处：①覆草使表层土温和水分稳定。夏季可以减轻高温对根系的伤害，冬季可以保暖防冻，特别是对沙地甜樱桃园，因其夏季易热，冬季易冻，覆草更显得重要。覆草还可以减少土壤水分的蒸发，减少甜樱桃园灌水的次数，并能节约用水，这对于春旱的甜樱桃园尤为重要。②有利于土壤微生物的繁殖和分解活动，促进土壤团粒化，提高土壤肥力。③抑制杂草生长和减少锄地用工。甜樱桃园覆盖可以防止杂草生长，采取覆草法，可抑制树盘内外杂草的生长，既节省了除草所需的繁重劳动，又防止了杂草与甜樱桃树争肥、争水。覆草还能防止山坡地被雨水冲刷，达到灭草免耕的效果。

甜樱桃园覆草也有其不足之处，即长期覆草的甜樱桃树根系易上返变浅，一旦不覆草，则会对根系造成一定程度的损害。对排水不良果园不宜覆草，否则会使土壤长期湿度过大，引起烂根，早期落叶甚至死树，对这类果园先要解决排水问题，可采取的方法有：适当压沙压土，加厚活土层；覆草前先深翻改土，使根系向深层充分发展；覆草与清耕相间进行，覆草3～4年后浅翻一次，并清耕两年，使上下层的根都能充分发达。

综上所述，甜樱桃园覆草利大于弊，一定要常年坚持进行。覆草来源可通过园内大量种植绿肥来解决。此外园内外各种杂草、稻草、麦秆、树叶、粗厩肥等都是良好的覆盖材料。甜樱桃园覆草除雨季外，常年可进行，以夏季为好，旱薄地多在 20 厘米土层温度达 20℃时覆盖。覆草前要先修整树盘，使表土呈疏松状态，覆草时注意新鲜的覆盖物最好经过雨季初步腐烂后再用，如果直接覆盖未经腐熟的草，应同时追一次速效氮肥，一般株施氮肥 0.2 ~ 0.5 千克，以满足微生物分解有机物对氮肥的需要。避免引起土壤短期脱氮，引起叶片黄化。覆草厚度以常年保持在 15 ~ 20 厘米为宜。覆草过薄，起不到保温、增湿、灭杂草的作用，过厚则易使早春土温上升慢，不利于根系活动。覆草后在草上星星点点压土，以防风刮和火灾。果园覆草的数量，局部覆草每 667 平方米 1000 ~ 1500 千克，全园覆草每 667 平方米 2000 ~ 2500 千克。

(2) 地膜覆盖

　　地膜覆盖对于甜樱桃园具有提高地温、防止幼树抽条、保持土壤水分、减轻裂果以及防治杂草等多方面的好处。一般在每年的 11 月至翌年 6 月，对果园采用聚乙烯薄膜覆盖，7 ~ 9 月气候炎热，覆盖地膜会使果树根系闷热而生长差，甚至死亡。覆膜可在各类土壤上进行，尤其黏重土壤，覆膜后可显著提高地温，减轻积水。覆膜前应平整树盘，浇 1 次水，追施 1 次速效肥，覆膜后一般不再耕锄。对密植栽培的果园应顺行覆盖，稀植果园可以只覆盖树盘。

樱桃园地膜覆盖

　　覆膜时，可根据不同的使用目的选用不同类型的地膜。无色透明地膜透光率高，增温效果最好；黑色地膜可杀死地膜下的杂草，增温效果虽不如透明膜，但保温效果好，在高温季节和草多地区多使用此种地膜；银色反光膜具有隔热和较强的反射阳光的作用，主要是在果实即将着色前覆盖，使果实着色好，提高果实品质。

3.櫻桃园间作与生草

櫻桃园生草

幼龄甜櫻桃园可进行行间间种。但间作物必须为矮秆、浅根、生育期短、需肥水较少且主要需肥水期与甜櫻桃植株生长发育的关键时期错开，不与甜櫻桃共有危险性病虫害或互为中间寄主。通过在幼龄果树行间间作草莓、中药材，或夏季套种花生、大豆、小绿豆、红小豆不但可以提高果园的经济收入，还可加速土壤熟化，减少地面水肥流失，促进果树生长，实现用地与养地相结合，达到以短养长的目的。櫻桃园最好不间作秋菜，以免加重大青叶蝉为害及引起甜櫻桃幼树贪青，造成抽条。同时还要注意果园内不能连续每年都种植同一种间作物，以免营养失调，给果树生长带来不良影响。还要加强对间作物的管理，在果树需肥水高峰期，及时追肥、浇水，减少间作物与果树竞争肥水。爬长秧的作物，如毛叶苕子、西瓜等，要经常整理茎蔓，防止茎蔓爬上树。

甜櫻桃园亦可采取生草制，果园生草在发达国家早已普及，并成为果园科学化管理和抗旱栽培的一项基本内容，而我国传统的果园耕作制度由于强调清耕除草，故导致了果园投入增加，生态退化，地力、果实品质下降。生草制所选草类以禾本科、豆科为宜。可选择白三叶草、小冠花、扁茎黄芪等与果树争水、争肥矛盾小，矮生铺匐或半铺匐，不影响果树行间的通风透光，青草期长，生长势旺，耐刈割的多年生草种。应因地制宜选用草种：水浇条件好的地区可选用耐阴湿的白三叶为主，旱地可选用比较抗旱的百脉根和扁茎黄芪为主。对于幼树园，只能在树行间种草，其草带应距离树盘外缘40厘米左右，作为施肥营养带。而成龄果园，可在行间和株间都种草，树盘下不要种草。一般来说，多数生草，播种后的头一年，因苗弱根系小，不宜刈割。可从第二年开始，当草长到40厘米左右时，就可刈割，每年可刈割

3 ～ 5 次。把刈割下的草可覆盖在树盘上，以利保墒，多年生草一般5 年后已老化，并且长期生草后草根大量集中于表层土，争夺养分、水分，使果树表层根发育不良，因此几年后宜翻耕休闲1 次，休闲1 ～ 2 年后，再重新播种生草。

（二）施肥

1.甜樱桃树养分需求规律与营养诊断

与其他北方落叶果树相比，甜樱桃生长发育迅速。甜樱桃从开花到果实成熟主要集中在 4 ～ 6 月份，仅有 40 ～ 60 天，并且甜樱桃的花芽分化也远较其他果树集中，采果后短期内即开始大量的花芽分化，因此甜樱桃对养分的需求集中于生长季的前半期，此期树体储藏营养和肥力水平的高低，是甜樱桃能否健壮生长和持续丰产的决定因素。

通过测定叶片矿质元素含量可以诊断甜樱桃树的营养状况，并作为科学施肥的依据，详细见下表。

甜樱桃叶片片矿质元素营养诊断水平（干重百分比或 mg/kg）

元素	缺乏	适中	过量
氮 (N,%)		2.2 ～ 2.4	>3.4
磷 (P,%)	<0.08	0.16	>0.4
钾 (K,%)	<1.0	1.0 ～ 3.0	>3.0
钙 (Ca,%)		0.7 ～ 3.0	
镁 (Mg,%)	<0.24	0.4 ～ 0.9	>0.9
硫 (S,%)		0.13 ～ 0.8	
硼 (B,mg/kg)	<20	25 ～ 60	>80
铜 (Cu,mg/kg)		5 ～ 20	
铁 (Fe,mg/kg)		20 ～ 250	
锰 (Mn,mg/kg)	<20	20 ～ 200	
锌 (Zn,mg/kg)	<10	15 ～ 70	

2.甜樱桃肥料种类和施肥量

甜樱桃适宜使用的肥料种类主要有有机肥、速效肥和叶面肥三类。有机肥主要作为基肥使用，按照无公害生产的标准，可以采用堆肥、沤肥、厩肥、沼气肥、绿肥、泥肥、饼肥等农家肥，也可采用商

品有机肥、有机复合肥。对于不含有毒物质和盐分的各类食品、鱼渣、骨粉、家禽家畜加工废料、糖厂废料等制成的有机物料肥，须经农业部门登记允许后亦可采用。速效肥主要是化肥，用来满足甜樱桃特定生长发育阶段对特定肥料的需求，以氮、磷、钾肥为主，生产中常用的有尿素、硫酸铵、磷酸二铵、硫酸钾以及各种多元复合肥等。需要注意的是樱桃为忌氯树种，不可使用氯化铵和含有氯化铵的多元复合肥。叶面肥除尿素、磷酸二氢钾等外，常用的还有硼砂、氨基酸叶面肥、多元微肥等，主要在樱桃关键需肥期进行肥力补充。

甜樱桃园禁止使用的肥料有：未经无害化处理的城市垃圾，含有金属、橡胶、塑料及其他有害物质的垃圾，硝态氮肥、未经腐熟的人粪尿以及未获准登记的各种肥料产品。

甜樱桃的施肥应根据树龄及树势合理进行，以尽早形成树冠，进入结果期，从而达到早果、丰产的目的。从理论上讲，施肥量 =(果树吸肥量 − 土壤供肥量) ／肥料利用率。具体可通过肥料试验、叶分析并参照生产实际中丰产稳产果园的施肥量来定。

甜樱桃不同时期的施肥标准是有很大区别的，按照甜樱桃的生长发育特性，可将其生命周期分为 4 个阶段施：幼树阶段、初结果阶段、盛果期阶段和衰老树阶段。第一个阶段为 1 ～ 3 生，此时为树冠形成期，幼树需要扩大根系和增加分枝，施肥应以氮肥为主，对磷肥的需求也较大，氮、磷、钾肥适宜比例为 2：2：1。第二阶段为 4 ～ 6 年生树，此期为初结果期，这一阶段树体处于继续生长阶段，施肥目的是增加枝量、促进形成花芽，要控制氮肥、增施磷肥和钾肥，以便其从营养生长向生殖生长转化，尽快形成花芽。肥料种类应以有机肥和复合肥为主，氮、磷、钾肥的适宜比例为 1.5：2：1。第三个阶段为 7 ～ 15 年生，这个时期为甜樱桃的盛果期。此期由于结果较多，为了持续高产稳产，增强树体抗逆性，提高果品质量，防止树体早衰。应注意适时适量施足基肥，并进行必要的追肥，氮、磷、钾肥适宜比例为 2：1：2。第四个阶段为衰老阶段，此期应以恢复树势为重点，适度促进树体的营养生长，因此要增施氮肥，氮、磷、钾肥比例为 2：1：1。

此外，还可根据树体的生长势来确定施肥量或施肥次数，通过调整有机肥及氮磷比例，将树体的生长量控制在一定范围，合理的树势指标为：幼树外围新梢长度可控制在 60 ~ 100 厘米，4 ~ 6 年生树 40 ~ 60 厘米，盛果期树外围新梢 20 厘米。

3.甜樱桃园周年施肥关键时期

根据甜樱桃的需肥特点，甜樱桃在一年中对养分的需求不是一个恒定的值，而是有规律地变化，尤其是生长前期对肥水需求较高。一年中应该注意抓好以下几个时期施肥：花前、花期、果实发育初期、采后、秋季。前四个时期以速效性肥料为主，秋季则以有机肥为主。樱桃展叶和开花几乎同时进行，因此花前树体营养水平的高低，会对开花坐果产生很大的影响，此期追肥可以追施人粪尿、果树专用肥或氮磷钾三元复合肥等速效性化肥；花期和果实发育初期进行追肥，可以有效的提高坐果率，并促进果实的生长发育，可在盛花期叶面喷施 0.3%尿素加 0.2%硼砂加 600 倍磷酸二氢钾液，幼果期土壤追施速效性氮磷钾三元复合肥；采果后，因树体已基本将体内养分消耗掉，对花芽分化有不利的影响，此时必须及时补充肥料，此期应追施人粪尿、猪粪尿、豆饼水、复合肥等含元素全的速效性肥料；秋季施肥对于促进根系发育、增强越冬能力和提高树体储藏营养水平具有重要的作用，此时施入的肥料作底肥，要以农家肥等有机肥料为主，可加入适量的复合肥或磷肥。

4.甜樱桃园施肥方法

(1) 环状沟施肥

在株间相对应的树冠外缘附近开沟施肥。宽 30 ~ 50 厘米，深 60 厘米左右，将有机肥和表土混匀填入沟中，底土作埂或撒开风化。环状沟施肥对于幼树株间扩穴，扩大树盘，促进幼树根系扩展具有重要的作用，株间打通后可以采用条沟施肥。

(2) 放射沟施肥

适用于株行距较大的盛果期果园秋施基肥，也适用于土壤追肥。挖沟时，以树干为中心，在树冠下大树距树干 1 米、幼树距树干

放射沟施肥

50～80厘米处开始向外挖放射沟4～6条，沟长超过树冠外缘，向树冠内较浅，向树冠外较深，沟里端深、宽各30厘米即可，外端深、宽各40～60厘米。用于追肥时，沟深10～15厘米即可，挖沟的过程中一定要注意不要切断1厘米以上的大根。该方法可以使根系全方位得到更新，能够保证树冠内膛短枝的发育，树体立体结果。

(3) 条沟施肥

适用于株间打通后的果园施肥，沿行向在树冠透影外缘开施肥沟，宽30～50厘米，深50厘米，达根系集中分布层稍下即可。条沟施肥可以促进根系向行间生长，每年施一侧，下年再施另一侧，逐年轮换并逐渐向外扩展，使根系不断向外延伸。应注意的是条沟施肥每次仅在树冠外围，内膛根系得不到更新，自疏死亡加快，引起内膛粗根光秃。而内膛细根是和树冠内膛短枝高度相关的，内膛根光秃必然会加速内膛枝光秃，造成结果部位外移。条沟施肥应与放射沟施肥和全园撒施相结合进行。

条沟施肥

施肥沟　　　　　　　　　　施肥沟内根系状况

(4) 撒施

适用于密植和成龄甜樱桃园，施肥时将肥料均匀地撒在地面或树盘，然后翻入土中，深达 20 厘米左右，注意树盘下不可翻的过深，尤其不能损伤大根，对于盛果期果园，土壤中各区域根系密度均较大，撒施可使甜樱桃树各部分根系都得到养分供应。

(5) 根外追肥

根外追肥又称叶面施肥，是将水溶性肥料或生物性物质的低浓度溶液喷洒在叶片上，通过叶片直接供给树体养分的一种施肥方法。这种施肥方法最适合于微量元素肥料的施用或在作物出现缺素症时施肥，对于大量元素肥料，根外追肥可作为一辅助性手段。根外追肥简单易行，用肥量较少，发挥作用较快，且不受养分分配中心的影响，能满足树体对肥料的急需，迅速改善缺素症状，还可避免某些元素在土壤中的流失、固定及杂草的竞争等，提高利用率。甜樱桃叶片大而密集，极适合进行叶面喷肥。同一张叶片叶背面气孔多，利于吸收和渗透，因此叶面喷肥时要注意多喷叶背。

根外追肥可以与病虫害防治或化学除草相结合，药、肥混用，但混合不致产生沉淀时才可混用，否则会影响肥效或药效。施用效果取决于多种环境因素，特别是气候、风速和溶液持留在叶面的时间。因此，根外追肥应在天气晴朗、无风的下午或傍晚进行。叶面喷肥的最适温度为 18 ~ 25℃，喷肥时间以上

叶面施肥

午 8 ~ 10 时 (露水干后阳光尚不很足以前)、下午 4 时以后为宜，中午和刮风天不能喷肥，此时喷肥，肥液很快浓缩，既影响吸收，又易发生药害。阴雨天不宜进行叶面喷肥，以免发生药害，如果喷施后 3 ~ 4 小时下雨，应重新喷施。

根外追肥的关键是浓度，肥料的种类不同、生育时期不同，根外追肥的浓度均不同，生产上应根据实际情况，选用合适的肥料和

适当的喷施浓度。进行叶面喷肥前，要先做小型试验，确认不发生药害时找出最大浓度再大面积喷。樱桃上主要在花期、生长前期以及进行缺素矫正时进行叶面追肥，常用叶面肥种类及浓度为尿素为0.3%～0.5%，草木灰为1%～6%，硫酸钾为0.5%～1%；磷酸二氢钾为0.2%～0.3%，硼砂为0.1%～0.3%，硼酸为0.1%～0.5%；硫酸亚铁为0.2%～0.4%，硫酸镁为0.2%～0.3%，硝酸钙为0.5%，硫酸锌为0.1%～0.4%。一般每隔10～15天喷1次，喷施2～3次即可。

樱桃还可在秋季落叶前一周以及萌芽前喷施尿素，可以有效的增加树体储藏营养水平，对于开花坐果、减少花芽败育以及促进树体生长等方面具有良好的效果。

（三）水分管理

1.甜樱桃水分需求规律

甜樱桃的迅速生长主要集中在生长季的前半期，此时甜樱桃开花、结果及梢、叶生长发育需要大量养分和水分，树体消耗很大，而此期在我国北方甜樱桃产区又多逢干旱，因此适时灌水对促进萌芽、开花、果实发育和树体早期生长是十分必要的，谢花后至果实成熟前，是樱桃的需水临界期，如果水分供应不足，会对产量和品质产生很大的影响。北方夏秋进入雨季，甜樱桃也步入花芽分化期，此期应适度的控制水分，如果水分过多，会影响来年产量，并且导致枝条贪青徒长，容易造成越冬抽条。

2.甜樱桃灌水原则和方法

甜樱桃根系分布浅，对土壤通气要求高，抗旱、抗涝性差。所以，每次灌水量不宜太多，灌水时应本着少量多次、稳定供应的原则进行，应采取少灌、勤灌的方法，忌大灌、漫灌。

樱桃园大水漫灌

灌水的方法可采取畦灌或沟灌。

畦灌即在树冠外围筑起正方形或长方形土埂，树干周围土面积稍高，使树干周围不积水，该方法还可有效的控制根癌病的传播；现在樱桃树提倡垄栽，灌水时可以实行隔行灌溉，每次只灌垄一侧的行间，逐次轮流灌溉。每次灌水都要适当控制水量，不搞大水漫灌，以免影响根系生长发育。

有条件的甜樱桃园，可采取喷灌或滴灌，这些先进的灌水方式，既可控制水量，节约用水，又可减少土壤养分流失，避免土壤板结，保持土壤的团粒结构和土壤肥力，还可以增加空气湿度，调节甜樱桃园小气候，减轻低湿和干热对甜樱桃的危害。

樱桃园滴灌

3.甜樱桃树灌水技术

甜樱桃树全年灌水可分为花前水、硬核期与膨大期水、采后水和封冻水。

(1) 花前水：这次浇水可在萌芽后开花前进行，主要满足甜樱桃前期生长发育 (发芽、展叶和开花) 对水分的需要，另外，花前水还可降低地温，推迟开花，减轻或避免晚霜对甜樱桃花蕾的危害。

(2) 硬核期与膨大期水：硬核期是树体消耗水分和养分最多的时期，必须满足其水分供应。此期水分供应不足，易引起幼果发育不良，甚至早衰脱落，生产中常见的"柳黄落果"现象，往往是由于此期缺水所至。在甜樱桃果实膨大期，灌水与不灌水对果品产量和质量影响很大，这一时期如果缺水，则果实发育不良，产量低，品质差。膨大期浇水的原则是不可大水漫灌，每次只浇"过膛水"。

(3) 采后水：甜樱桃在果实采收后 1～2 个月期间是其花芽集中分化期，此时保持土壤的适度干旱可促进其花芽分化。采果后可结合施基肥灌 1 次水，水量不宜过大，如果土壤墒情较好，可以不浇水。

(4) 封冻水：土壤封冻前，应灌 1 次封冻水，有利于缓冲根际温度的变化，对于甜樱桃树安全越冬、减少花芽冻害、防止幼树抽条都具有重要的意义。

4.甜樱桃园排水

甜樱桃树根系浅，对土壤通气要求高，抗涝性差。新根发生要求土壤中氧气含量在15%以上，降至5%时新根即完全停长。土壤缺氧，根的呼吸作用不能正常进行，生长和吸收即停止。较长时间缺氧，会产生硫化氢、甲烷等许多有害物质直接毒害根系。因此樱桃园排水十分重要，从园地选择时起就应该避开易涝和排水不畅的地段，并设计通畅的排水体系，雨季必须保证雨后水即排出，绝对不能出现园内积水现象，建园时采用高垄定植的方法，可以使雨季排水通畅，并有效的避免涝害的威胁。

樱桃高垄栽培

土壤黏重果园在行间开挖深沟排水，同时增加土壤通气能力

第五章

甜樱桃树体保护

甜樱桃因栽植效益高而深受果农的喜爱，近年来得到了长足的发展。但是，由于樱桃砧木的问题一直没有得到很好地解决，樱桃树地上和地下部不能协调一致地生长，抵御灾害的能力不强，加之管理技术等方面的不足，往往造成果园生长不整齐，严重的还造成植株死亡甚至毁园。做好樱桃树的树体防护工作对于解决这方面的问题具有重要的作用。

对樱桃树树体造成伤害的原因主要有自然灾害和人为原因，前者主要体现在霜冻、抽条、冻害、鸟害等方面，后者主要有因修剪、果园管理造成的机械损伤等。在此对各类伤害的预防保护措施进行介绍。

一、霜冻

由于樱桃春季开花早，始花期多在当地晚霜期之前，同时，樱桃花耐低温的能力差，花芽一旦萌发，所抵御的温度急剧下降，冬季樱桃冻害的临界温度可达 - 20℃，而在花蕾期发生冻害的临界温度是 - 1.7℃，花期和幼果期冻害的临界温度为 - 1.1℃，因此容易遭受低温晚霜危害，造成减产。在花期时必须注意天气预报，做到及时预防，最大限度地减轻损失。

霜冻的预防措施主要有：

1. 建园时选择受霜害较轻的地块，选择抗寒的品种，合理搭配授粉树，适当种植自花结实的品种

从立地条件看，受北风侵袭的北坡地受霜害较重，南坡轻；山下

较轻（开花期晚）；低洼地较重，岗平地较轻。所以，在建园时要选择受霜害较轻的地块。轻度霜冻有时对花量的影响不大，但是如果授粉品种搭配不合理，将严重影响坐果，部分自花结实的品种如斯坦拉、拉宾斯等不仅是优良的授粉品种，而且自花结实，在易发生霜冻的地区栽植，可有效地降低损失。

2. 早春灌水、霜前喷水

萌芽前漫灌可推迟大樱桃的萌芽和开花。据调查，用井水和水库水地面漫灌，可分别使大樱桃树推迟 5 天和 3 天萌芽。因井水温度较低，故其推迟萌芽的效果更明显。可以降低地温，延迟萌芽和开花，以避开晚霜的危害。根据天气预报，在降霜前 1～2 小时喷水，靠水分凝结散热，提高园内小气候的温度，对于减轻霜冻也有显著的作用。

3. 熏烟法

熏烟法对于 - 2℃以上的轻微冻害有一定效果，如低于 - 2℃，则防效不明显。发烟物可用作物秸秆、杂草、落叶等能产生大量烟雾的易燃材料。事先在大樱桃园内每隔 5m 堆放草堆，当花期夜间温度下降到 2℃时，点燃草类或作物秸秆。草类可半干半湿，点燃后烟雾弥漫，一般在樱桃园多设几个燃草点，使烟雾连成一片，一直到太阳出来为止。熏烟对防霜效果较好，燃烧后的草灰可均匀撒在树盘里，以增加土壤养分。

4. 喷施防护剂

喷施防护剂如"天达 2116"可以有效降低霜害。"天达 2116"是以海洋生物中的活性物质为主要原料制成的植物细胞膜稳态剂，能有效抵御冻害等逆境因子的侵害，在花期前喷施二遍"天达2116"，能壮花、壮果、防病、提高坐果率，达到防冻抗逆目的。

二、抽条

我国华北及西北内陆地区甜樱桃栽培往往不能安全越冬，常见的是过冬后的幼树枝条自上而下干枯，这种现象称为"抽条"。抽条严重的植株地上部分全部枯死，比较轻的则 1 年生枝条枯死或多半枯死。抽条的幼树根系一般不死，能从基部萌出新枝，由于根系发达，长出新枝比较旺，对于旺枝，第二年冬季还会抽条，形成连年抽条，树形紊乱，严重影响甜樱桃的生长和结果。

1. 冻旱引起的生理干旱是甜樱桃产生抽条的原因

以前认为抽条是一种冬季发生的冻害，由于低温使枝条冻死，而后失水干枯形成抽条。实际上从观察抽条产生的时期来看，1月份枝条没有抽条，2月到中旬，枝条发生纵向皱皮，并且从枝条上部向下部发展，形成枝条由上而下的死亡。因此，从抽条发生的时期来看，不是在冬季最冷的时期，而是在冬末春初，尤以早春为严重，早春天气干旱，常刮干燥的西北风，抽条就严重，反之抽条则轻，说明发生抽条不是冻害引起的。

发生抽条后，枝条严重失水干枯死亡

真正产生抽条的原因是因为生理"冻旱"引起的，北方地区冬季寒冷，在冬天和早春，地下土壤冻结，幼树的根系很浅，大都处于冻土层，不能吸收水分或很少吸收水分，而早春气温回升很快，同时风大空气干燥，枝条水分蒸腾量很大，根系不能吸收足够的水分来补充枝条的失水，造成明显的水分失调，入不敷出，引起枝条生理干旱，从而使枝条由上而下抽干。甜樱桃与其他果树相比，幼树的根系一般比其他果树为浅，冬春期间吸收水分能力差，而甜樱桃枝条生长量大，表皮角质化差，枝条表面水分蒸腾量又比其他果树大，所以甜樱桃在冬春阶段生理干旱比其他果树严重，从而抽条也特别严重。

2.防止抽条的措施

通过上述产生抽条的原因，防止抽条的方法也应该从地上、地下两方面来进行，最有效的方法有以下几种。

(1) 秋季控制树体生长，加强病虫害防护

北方夏末秋初降水多，秋梢生长量大，枝条发育不充实，尤其晚秋气温较高，如果不控制肥水，氮肥施用过多，易造成秋梢贪青徒长，延迟停止生长，在初冬寒潮突然来临时气温骤然下降，在树体营养未能充分回流、枝条越冬锻炼不足时，被强制休眠，在春季多风少雨、空气干燥时，必然发生抽条。此外叶片穿孔病、叶斑病、红蜘蛛等严重发生时造成树体早期落叶，影响枝条的正常生长，发育不充实；秋季大青叶蝉等直接为害枝条，造成枝条损伤，加重抽条的发生。

因此，秋季应适度控水控肥，并加强病虫害的防护，生长后期不施氮肥，多施磷钾肥，以利枝条的加粗，及早停长，增强幼树的越冬能力。当初秋枝条依然生长较旺时，还可通过掐尖、喷施生长抑制剂等来使枝条停长，全株喷施多效唑，或用300倍的多效唑沾梢，均能起到良好的效果。

(2) 缠塑料条

在冬季落叶后，将幼树所有的枝条用塑料条缠裹。塑料条的材料，以地膜为好，使用前，可将地膜捆剁成宽5厘米左右的小卷，最好用铺地膜剩下的小捆地膜，以便于操作。从主干开始缠裹，要求一圈压一圈裹紧，全株均要进行缠

缠塑料条防幼树抽条

裹，同时注意不可多个枝条并在一起缠绕，以免缠裹不严，失去保护效果。塑料条的末端一定要绕紧，以防松开后，造成水分丧失。到春季芽萌动时，及时将塑料条解开。此方法用工较多，但保护效果好，缠塑料条后，能够有效抑制水分蒸发，很好地防止抽条，对于1年生幼树十分必要。

(3) 涂抹保护剂

落叶后，在枝条上涂抹防护剂也可以有效地防止抽条。常见的防护剂有动物油脂、甲基纤维素、凡士林以及其他复配的防抽油等。这些防护剂往往含有机油成分及其他低分子的油类，渗透性强，能杀死芽及伤口嫩皮，因此一定要注意不要涂抹过厚，以免春季融化后造成枝条和芽的伤害。涂抹时间在12月份气温较低时进行，选择晴好较温暖的正午，先将防护剂均匀搓在手套或布上，然后抓住枝条，自下而上进行涂抹。涂时要求涂抹均匀而薄，在芽上不能堆积防护剂。涂防护剂与缠塑料条相比，防止水分蒸发的效果不如缠塑料条，但是在小枝较多的情况下便于操作，速度快，效率高，而且省工，比较适用于2年生以上的幼树防护。

涂抹保护剂防抽条

(4) 北半边培防风土耳

冬季在幼树西北方向距树干 40 ~ 50 厘米处堆高 40 ~ 50 厘米的半弧形防风土耳，可挡北风，减少风害，同时根系附近的土壤形成一个背风向阳的环境，土壤解冻较早，抽条可以得到减轻。该方法和地膜覆盖相结合，对幼树防抽条具有良好的效果。

(5) 地膜覆盖

秋冬施肥灌水后，在幼树的两边各铺一条宽约 1 米的地膜，对于防止抽条具有很好的效果。冬季进行地膜覆盖不但可以保持土壤水分，特别是可以提高地温，在华北内陆地区，地膜下的土壤基本不冻结，在枝条水分蒸腾量很大的早春，阳光好时，地膜下的温度可达 10℃以上，根系已经能活动，吸收水分，补充地上部分水分的消耗，从而能有效地解决地上地下部分水分失调的问题，达到防治抽条的目的。

北方地区樱桃树防止抽条要进行 2 ~ 3 年，一般 4 年生以上的甜樱桃就不存在抽条问题了。以上的措施应根据树龄和树体生长状况综合进行，对于 1 年生幼树应采用缠塑料条和地膜覆盖的措施，寒冷的地方还要在北半部堆防风墙；2 年生树，可采用涂抹防护剂和地膜覆盖的措施；3 年生树如果树体生长健壮，冬季只需在树行覆盖地膜；3 年生以上的树一般不会再发生抽条，可不必防护。应该注意的是，所有的防护措施都是建立在良好的栽培管理基础上的，尤其秋季的栽培管理，对于防止抽条具有重要的意义，一定要十分重视。

三、冻害

大樱桃是一种不耐严寒的落叶果树，冬季 - 20℃时，就会造成大枝纵裂和流胶，- 25℃以下便会大量死树。冻害是樱桃在北方地区，尤其是辽宁等省区发展受限制的主要因素。

1. 樱桃树冻害的症状

樱桃树受冻害后，常表现为树体主干阳面纵裂，部分枝条皮层皱缩、坏死，类似抽条状，严重者全株死亡。受冻害的枝条，剖开树皮后会发现形成层色泽变褐，木质部形成黑心。有的病树春季虽能发芽、展叶，但发芽晚，长势弱，叶小而色淡，叶缘上卷，当五六月份气温偏高时，叶片骤然失水青干，树体逐渐枯死。

受冻枝条春季开花后花朵萎蔫

除极端低温造成的冻害外，樱桃冻害一般常见的为日烧型冻害，其发生机理为，冬季白天阳光使枝干阳面一侧局部增温化冻，夜晚降温又重新冻结，大幅度温差的冻融交替往往使皮层损伤坏死和木质部开裂，这种坏死的皮层和裂开的树干春暖后输导功能受阻，枝条因此衰弱并枯萎。

日烧型冻害

2.冻害的防护方法

(1) 选用抗寒品种和砧木

甜樱桃品种间抗寒性差弃较大，在寒冷地区栽培应选择抗寒性强的品种，先锋、红灯以及近年引进的乌克兰系列的一些樱桃品种等抗寒性较强。此外，寒冷地区应选用抗寒砧木，酸樱桃、山樱桃、草原樱桃等砧木，主根发达，抗寒性强。

(2) 枝干涂白

为避免大樱桃树枝冬季日烧型冻害的发生，最有效的措施是严冬前给主干及大枝涂白，以减少其向阳面的昼夜温差，从而避免冻融骤变造成皮层损伤和裂干。白涂剂的原料配比为：生石灰 5 ～ 8 份、水 20 份、石硫合剂原液 1 份、食盐 1 份、面粉 1 份、食用油 0.1 ～ 0.2 份。配制时，先分别用 1/2 的水化开石灰和食盐，然后加入石硫合剂、油、面粉，充分搅拌均匀即可。要求树干涂高 1 米以上，下部主枝涂 30 厘米以上，成龄树涂前要刮除老翘皮，尤其是枝杈部位要重点涂抹。涂白不但能防冻，而且还能有效防治日灼、病虫危害。

树干涂白防冻

(3) 树干培土和堆防风土墙

对于 1 年生幼树，可以全株培土越冬，培土时轻轻压弯树干，先在树干接近根部处垫土形成土枕，以免树干弯折，然后用土将全株埋在土里，要求土堆高 40 ～ 50 厘米，翌年春季发芽前除去土堆，扶直树干。对于不宜压倒的树，用稻草捆绑包扎树干，稻草厚 5 厘米，包扎要严实，同时，在树西北培 70 ～ 80 厘米高半圆形土埂，对降低树干附近的风速，提高地温和气温均有良好的作用，从而减轻或避免冻害的发生。

(4) 灌封冻水

在每年 11 月中下旬到 12 月初土壤封冻前，全园灌 1 次封冻水，浇透根系土层，可以减轻土壤干旱，提高冬季地温，缓解土壤温度剧烈变化，有效防止冻害及春季抽条。

四、鸟害

甜樱桃成熟早，果实色泽鲜艳，柔软多汁，因此很多鸟类喜欢啄食。樱桃园中主要的鸟类有喜鹊、麻雀等，这些鸟类生性警觉，移动性大，不易防治，虽然危害时间短，但往往给生产中带来很大的损失，因此必须对鸟害加以防范。

我国果农常采用挂稻草人、敲锣、放鞭炮等方法防治鸟害，实践证明，这些方法费力而且效果不好。防范鸟害最好的方法是在果园架设防鸟网，在果实着色开始时用竹竿、铁丝等材料在果园架设网架，网架上铺设用尼龙丝制作的专用防鸟网，网的周边垂下地面并用土压实，以防鸟类从旁边飞入。在冰雹频发的地区，通过调整网格大小，还可以有效地防雹。

目前国外有一些新的方法，对于防治鸟害具有较好的效果。在美国，常采用播放惨叫或鸟类天敌鸣叫的录音来驱赶害鸟，或用高频警报装置，干扰鸟的听觉系统。这些装置有专门的商品出售，生产中可根据当地危害最多的鸟类，选择适合的声音进行播放，能够取得很好的防鸟效果。

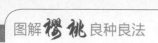

五、伤口保护

樱桃树伤口愈合缓慢，修剪以及田间操作造成的伤口如果不及时保护，将造成流胶，严重影响树势，因此修剪过程中一定要注意避免造成过大、过多的伤口。樱桃树去大枝一般在采果后进行，此期气温适宜，雨水较少，树体生长迅速，有利于伤口的愈合，剪时要避免"朝天疤"，这类伤口遇雨易引起伤口长期过湿，愈合困难并导致木质部腐烂。

修剪后，一定要处理好伤口，锯枝时锯口茬要平，不可留桩，要防止劈裂，为了避免伤口感染病害，有利于伤口的愈合，必须用锋利的刀将伤口四周的皮层和木质部削平，再用波美 5 度的石硫合剂或杀菌剂进行消毒，然后进行保护。常见的保护方法有涂抹铅油、油漆、稀泥、地膜包裹等，这些伤口保护方法均能防止伤口失水并进一步扩大，但是在促进伤口愈合方面不如涂抹伤口保护剂效果好，现在已有一些商品化的果树专用伤口保护剂，生产中可选择使用，也可以自己进行配制。

1．液体接蜡

用松香 6 份、动物油 2 份、酒精 2 份、松节油 1 份配制。先把松香和动物油同时加温化开，搅匀后离火降温，再慢慢地加入酒精、松节油，搅匀装瓶密封备用。

2．松香清油合剂

用松香 1 份、清油（酚醛清漆）1 份配制。先把清油加热至沸，再将松香粉加入拌匀即可。冬季使用应酌情多加清油；热天可适量多加松香。

3．豆油铜素剂

用豆油、硫酸铜、熟石灰各 1 份配制。先把硫酸铜、熟石灰研成细粉，然后把豆油倒入锅内熬煮至沸，再把硫酸铜、熟石灰加入油中，充分搅拌，冷却后即可使用。

此外，樱桃树经常因拉枝不及时或枝条角度拉得太死，造成拉枝后大枝自基部劈裂，对于这类伤害，应采用支棍进行撑扶，并及时刮平劈裂处，然后用塑料薄膜包裹，促进伤口愈合。劈裂的枝条可以不用紧密绑回原处，让其继续保持劈裂状态，伤口愈合往往较回复到原位置更好。

甜樱桃伤口不进行保护，不易愈合，影响树体健康

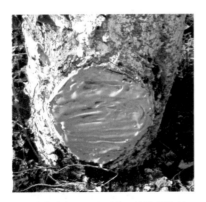

大枝去除后，马上对伤口涂抹保护剂

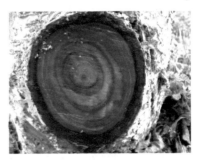

涂抹保护剂可在伤口表面形成保护膜，有效阻止水分流失，防止干裂，有利于伤口愈合

第六章

病虫害防治

一、甜樱桃主要病害

1. 病毒病

病毒病是由病毒引起的一类病害，植株一旦感染不能治愈，就像人类的癌症，只能防病，因此是影响樱桃产量、品质和寿命的一类重要病害。病毒在樱桃上引起的病害有樱桃衰退病、樱桃黑色溃疡病、樱桃粗皮病、樱桃小果病、樱桃卷叶病、樱桃斑叶病、樱桃锉叶病、樱桃坏死环斑病、李矮缩病、樱桃花叶病、樱桃白花病等。其中，由李属坏死环斑病毒（Prunus necrotic ring spot virus, PNRSV）、李矮缩病毒（Prune dwarf virus, PDV）、樱桃小果病毒（Little cherry virus, LCV）引起的樱桃坏死环斑病、李矮缩病和樱桃小果病三类重要病毒病对樱桃的危害最大。李矮缩病根据不同的 PDV 株系引发，又可以分为樱桃环斑驳病、樱桃环花叶病、樱桃褪绿环斑病、樱桃褪绿 - 坏死环斑病、樱桃黄花叶病和樱桃黄斑驳病 6 种类型。

发病症状：①樱桃坏死环斑病。甜樱桃老树感染该病后症状不明显，感染数年后，只是春季末展开的少数叶片上表现症状。感染该病后的前 1～2 年内表现为冲击型症状，叶面整个坏死。强毒株系侵染症状严重时，仅会残留叶脉，并且可以使幼树致死。慢性症状表现为在叶片上出现黄绿色或浅绿色环纹或带纹，环内有褐色坏死斑点，后期脱落，形成穿孔。②樱桃褪绿环斑病。侵染该病后的 1～2 年症状明显。春季形成的叶片出现黄绿色环斑或带纹。冲击型症状仅在感染当年短期内出现，慢性症状呈潜伏侵染，仅在部分幼树枝条的叶背叶脉角隅处出现深绿色小耳突。③樱桃环花叶病。叶片产生淡绿色或黄绿色不同大小的环纹、不完整环或带纹斑。幼树和老树上均会出现叶片症状，老树多集中在树冠下部和较老叶片上。④樱桃黄花叶病。在结果树上呈潜伏侵染，仅在野生樱桃实生苗和幼树上表现症状。染病叶片产生亮黄色透明组织和黄色环纹斑，叶片扭曲。⑤樱桃褪绿－坏死环斑病。春季未充分展开的叶片上产生褪绿环纹或坏死斑点，脱落后形成穿孔。幼树下部叶片沿着中脉与侧脉角隅处出现深绿色耳突。⑥樱桃环斑驳病。叶片产生淡绿色斑点和环纹斑驳。⑦樱桃黄斑驳病。叶片产生黄绿色或黄色线、环的斑驳。⑧樱桃小果病。感染该病的植株，生长季节开始时，果实发育正常，但临近采收时，病果大小仅为正常果的 1/2 ～ 1/3，颜色变淡，成熟期延后或不能正常发育成熟，糖度降低，风味不佳。叶片上的症状为叶缘轻微上卷，晚夏至初秋叶色由绿变红，首先在叶背的叶缘发生，随后迅速发展到叶脉间，而近主脉处仍然保持绿色。叶片变色首先从新梢基部开始，而后扩展到整株的叶片。在 9 ～ 10 月份症状尤为明显。

病毒病为害叶片片状（孙玉刚提供）

左下：正常树结果状；右下：病毒病株坐果率降低

传播途径：病毒可以通过带毒的繁殖材料如接穗、砧木、种子、花粉等进行传播，也可以通过芽接、枝接等嫁接方式进行传播。通过花粉传播病毒是病毒病传播速度最快的方式，李属坏死环斑病毒、李矮缩病毒就是主要通过花粉传播的。蚜虫、地下线虫等害虫在带毒植株和健康植株上迁移为害，也是传播病毒病的主要途径之一。樱桃小果病毒可以通过根蘖传播，还可以通过叶跳蝉和苹果粉蚧等传播。此外，观赏樱花是樱桃小果病的中间寄主，甜樱桃园附近最好不要种植樱花。

防治方法：①隔离病源和中间寄主。发现病株要铲除，以免传染。对于野生寄主也要一并铲除。观赏的樱桃花是小果病毒的中间寄主，在甜樱桃栽培区也不要种植。②要防治和控制传毒媒介：一是要避免用带病毒的砧木和接穗来嫁接繁殖苗木，防止嫁接传播；二是不要用染毒树上的花粉来进行授粉；三是不要用种子来培育实生砧，因为种子也可能带毒；四是要防治传毒的昆虫、线虫等，如苹果粉蚧、某些叶螨、各类线虫等。③栽植无病毒苗木。通过组织培养，利用茎尖繁殖，微体嫁接可以得到脱毒苗，要建立隔离区发展无病毒苗木，建成原原种、原种和良种圃繁殖体系，发展优质的无病毒苗木。

2.流胶病

流胶病是甜樱桃枝干上的一种重要的非侵染性病害。病害发生极为普遍，发病原因复杂，规律难以掌握。染病后树势衰弱，抗旱、抗寒性减弱，影响花芽分化及产量，重者造成死树。

流胶病在不同树龄上的发病症状和发病程度明显不同，一般幼树及健壮的树发病较轻，老树及残、弱树发病较重。在主枝、主干以及当年生新梢上均可发生，以皮孔为中心发病，在树皮的伤口、皮孔、裂缝、芽基部流出无色半透明稀薄的胶质物，很黏。干后变黄褐色，质地变硬，结晶状，有的呈琥珀状胶块，有的能拉成胶状丝。果实上也常因虫蛀、雹伤流出乳白色半透明的胶质物，有的拉长成丝状。潜伏在枝干中的病菌，在适宜的条件下继续蔓延，一旦病菌侵入木质部或皮层后，形成环状病斑，造成枝干枯死。病菌侵入多年生枝干后，皮层先呈水泡状隆起，造成皮层组织分离，然后逐渐扩大并渗出胶液。

病菌在枝干内继续蔓延为害，并且不断渗出胶液，使皮层逐渐木栓化，形成溃疡型病斑。

引起流胶的原因较复杂，多数人认为是一种生理性病害，但从症状表现及发病情况分析，在一定程度上已经超越了生理病害的范围。近些年报道流胶是一种真菌为害造成的。但到底是真菌寄生后引起流胶发生，还是流胶后真菌寄生尚待深入研究。甜樱桃流胶病在整个生长季节均可以发生，与温度、湿度的关系密切。春季随温度的上升和雨季的来临开始发病，且病情日趋严重。在降雨期间，发病较重，特别是在连续阴雨天气，病部渗出大量的胶液。随着气温的降低和降雨量的减少，病势发展缓慢，逐渐减轻和停止。虫害的发生程度与流胶病关系密切，危害枝干的吉丁虫、红颈天牛、桑白芥等，是流胶病发生的主要原因之一。霜害、冻伤、日灼伤、机械损伤、剪锯口、伤根多、氮肥过量、结果过多或秋季雨水过多、排水不良等均可引起流胶病的发生。

樱桃流胶病症状

加强栽培管理、改良土壤、抓好病虫害防治是防治流胶病的根本方法。合理修剪，增强树势，保证植株健壮生长，提高抗性。增施有机肥，改良土壤结构，增强土壤通透性，控制氮肥用量。雨季及时排水，防止园内积水。尽量避免机械性损伤、冻害、日灼伤等，修剪造成的较大伤口涂保护剂。此外，也可以用药剂防治。在施药前将坏死病部刮除，然后均匀涂抹一层药剂。在冬春季用生石灰混合液、200 倍 50% 的多菌灵、300 倍 70% 的甲基托布津或 5 波美度的石硫合剂均有一定的效果。在生长季节，对发病部位及时刮治，用甲紫溶液或 100 倍 50% 的多菌灵加维生素 B_6 涂抹病斑，然后用塑料薄膜包扎密封。

3.根瘤病

根瘤病又名根癌病、冠瘿病、根头癌肿病等，主要发生在根颈部，主根、侧根也有发生。瘤形状不定，多为球形。大小不一，小者如米粒大，大者如核桃，最大的多年生瘤直径可达 10 厘米。初生瘤乳白色，渐变浅褐至深褐色，表面粗糙不平。鲜瘤横剖面核心部坚硬为木质化，乳白色，瘤皮厚 1～2 毫米，皮和核心部间有空隙，老瘤核心变褐色。有的瘤似数瘤连体。

根瘤是细菌性病害，地下害虫和线虫传播，伤口侵入，苗木带菌可远距离传播。育苗地重茬发病多，前茬为甘薯的地尤其严重。严重地块病株率达 90% 以上。根瘤病菌在肿瘤组织的皮层内越冬，或当肿瘤组织腐烂破裂时，病菌混入土中，土壤中的癌肿病菌亦能存活 1 年以上。由于根瘤病菌的寄主范围广，土壤带菌是病害的主要来源。病菌主要通过雨水和灌溉流水传播；此外，地下害虫如蝼蛄和土壤线虫等也可以传播；而苗木带菌则是病害远距离传播的主要途径。病菌通过伤口侵入寄主，虫伤、耕作时造成的机械伤、插条的剪口、嫁接口以及其他损伤等，都可成为病菌侵入的途径。根瘤的发病与土壤温湿度也有很大关系，土壤湿度大，利于病菌侵染和发病；土温 22℃时最适于癌肿的形成，超过 30℃的土温，几乎不能形成肿瘤。土壤酸度亦与发病有关，碱性土壤利于发病，酸性土壤病害较少，土质黏重、地势低洼、排水不良的果园发病较重。此外，耕作管理粗放，地下害虫和土壤线虫多以及各种机械损伤多的果园，发

樱桃根瘤病

病较重；插条假植时伤口愈合不好的，育成的苗木发病较多。

防治方法：①严格检疫和苗木消毒。根瘤病主要通过带病苗木远距离传播，因此，建园时应避免从病区引进苗木或接穗；如苗木发现病株应彻底剔除烧毁；对可能带病的苗木和接穗，应进行消毒，可用 1% 的硫酸铜液浸 5 分钟，或2% 的石灰液浸 1～2 分钟，苗木消毒后再定植。定植前根系浸蘸 K84 菌剂，对根瘤病的防治效果较好。此外，切忌引进 2 年生以上老头苗，老苗移栽时多易受到病菌侵染。②加强果园管理。适于根瘤发生的中性或微碱性土壤，应增施有机肥，提高土壤酸度，改善土壤结构；土壤耕作及田间操作时应尽可能避免伤根或损伤茎蔓基部；注意防治地下害虫和土壤线虫，减少虫伤；平时注意雨后排水，降低土壤湿度。加强肥水管理，增强树势，提高抗病力。③刮除病瘤或清除病株。发现园中有个别病株时应扒开根周围土壤，用锋利小刀将肿瘤彻底切除，直至露出无病的木质部。刮除的病残组织应集中烧毁并涂以高浓度石硫合剂或波尔多液保护伤口，以免再受感染。对无法治疗的重病株应及早拔除并彻底收拾残根，集中烧毁,移植前应挖除可能带菌的土壤,换上无病、肥沃新土后再定植。

4. 褐斑病

该病主要为害叶片，也为害叶柄和果实。叶片发病初期在叶片正面叶脉间产生紫色或褐色的坏死斑点，同时在斑点的背面形成粉红色霉状物，后期随着斑点的扩大，数斑联合使叶片大部分枯死。有时叶片也形成穿孔现象，造成叶片早期脱落。

甜樱桃褐斑病发病病程

甜樱桃叶斑病是由真菌引起的，一般在落叶上越冬，春季开花期间随风雨传播，侵染幼叶。病菌侵入幼叶后，有 1 ～ 2 周的潜伏期，之后出现发病症状。发病高峰在高温、多雨季节的 7 ～ 8 月份。

褐斑病导致甜樱桃早期落叶

防治方法：加强栽培管理，增强树势，提高树体抗病能力；秋季彻底清除病枝、病叶，集中烧毁或深埋，减少越冬病菌数。或者在发芽前喷 3 ～ 5 度石硫合剂；谢花后至采果前，喷 1 ～ 2 次 70% 的代森锰锌 600 倍液或 75% 的百菌清 500 ～ 600 倍液，每隔半月喷 1 次。

5. 褐腐病

褐腐病，主要为害花和果实，引起花腐和果腐，也可以为害叶和枝。发病初期，先在花柱和花冠上出现斑点，以后延伸至萼片和花柄，花器渐变成褐色，直至干枯，后期病部形成一层灰褐色粉状物。从落花后 10 天幼果开始发病，果面上形成浅褐色圆形小斑点，逐渐扩大为黑褐色病斑，幼果不软腐；成熟果发病，初期在果面产生浅褐色小斑点，迅速扩大，引起全果软腐。病果少数脱落，大部分腐烂失水，干缩成褐色僵果悬挂在树上。嫩叶受害后变褐色萎蔫，枝条受害一般由病花柄、叶柄蔓延到枝条发病，病斑发生溃疡，灰褐色，边缘绿紫褐色，初期易流胶。病斑绕枝条腐烂一周后，枝条枯死。

该病是一种真菌病害，一般在僵果和枝条的病部组织上越冬，春季借助风雨和昆虫进行传播，由气孔、皮孔、伤口处侵入。花期遇阴雨天气，容易产生花腐；果实成熟期多雨，发病严重。晚秋季节容易在枝条上发生溃疡。自开花到成熟期间都能发病。

樱桃褐腐病

防治方法：果实采收后，彻底清洁果园，将落叶、落果和树上残留的病果深埋或烧毁，同时剪除病枝及时烧掉。合理修剪，使树冠具有良好的通风透光条件。发芽前喷 1 次 3 ～ 5 度石硫合剂；生长季每隔 10 ～ 15 天喷 1 次药，共喷 4 ～ 6 次，药剂可用 70% 的代森锰锌600 倍液或 50% 的甲基托布津 600 ～ 800 倍液，均可有效防治褐腐病。

6.黑腐病

黑腐病病原为链格孢 Alternaria spp.；致病菌通过切口、裂隙和伤口入侵。黑腐病最显著的特征是孢囊梗上附着大量菌丝体，孢囊梗被灰黑色的孢子囊覆盖，腐烂组织呈灰色。孢子囊极易破裂，向空气中释放出大量孢子，侵染周围的果实。发病果实组织坚硬，呈褐色或黑色，稍湿。病情进一步恶化，果实表面会覆盖橄榄绿色的孢子及白色的霉。病斑呈圆形或椭圆形，病斑面积通常为果实的 1/3 ～ 1/2。

防治方法：保持树体健壮，负载合理，不郁闭。防止裂果、冰雹伤等果实伤口，并及时喷施波尔多液保护，

樱桃黑腐病

去除病果。果实发育期也可以喷施药剂，可用 70% 的代森锰锌 600倍液或 50% 的甲基托布津 600 ～ 800 倍液防治。

二、甜樱桃主要虫害

1.红颈天牛

属鞘翅目，天牛科。又叫桃红颈天牛、铁炮虫等，分布很广。以幼虫蛀食皮层和木质相接的部分皮层的木质，造成树干中空，输导组织被破坏。虫道弯弯曲曲塞满粪便，有的也排出大量粪便，虫量大时树干基部有大堆的粪便，排粪处也有流胶现象。削弱树势，枝干死亡，严重时造成全株死亡。果园严重被害株率可达 60% ～ 70%。

形态特征：红颈天牛雌成虫体长 26 ～ 37 毫米，宽 8 ～ 10 毫米，全体黑色有亮光，腹部黑色有绒毛，头、触角及足黑色，前胸背棕红色。雄成虫体小而瘦。雄虫触角长于身体，而雌成虫触角和身体等长，体两侧各有一腺孔，受惊时分泌白色恶臭液体。红颈天牛的卵长约 1.5 毫米，乳白色，长椭圆形。幼虫乳白色，老幼虫淡黄白色，体长 40 ～ 50 毫米，头黑色。蛹初期黄白色，裸蛹，长约 32 ～ 45 毫米。

发生规律及习性：红颈天牛 2 ～ 3 年完成 1 代，以幼虫在虫道内越冬，每年 6 ～ 7 月成虫出现 1 次。成虫羽化后，停留 2 ～ 3 天才钻出活动，取食补充营养并在树冠间或枝干上交配，雌雄可多次交配，交尾后 4 ～ 5 天即开始产卵，卵散产，每雌虫约产卵 100 余粒，一般在地表以上 100 厘米左右的主干、主枝皮缝内产卵。老树树皮裂缝多粗糙处产卵多，受害严重，幼树和主干皮光滑的品种受害较轻。幼虫在皮层木质间蛀食，虫道弯曲纵横但很少交叉，幼虫到 3 龄以后向木质部深层蛀食，老幼虫深入木质部内层。幼虫期很长，一般 600 ～ 700 天，长者千余天。幼虫老熟后在虫道顶端作一蛹室，内壁光滑，并作羽化孔，用细木屑封住孔口。蛹期 20 ～ 25 天。6 ～ 7 月间出成虫，成虫寿命 15 ～ 30 天，卵期 8 ～ 10 天，成虫发生期可持续 30 ～ 50 天。

防治方法：①成虫大量出现时，在中午成虫活跃时人工捕杀成虫。

②用塑料薄膜密封包扎树干，基部用土压住，上部扎住口，在其内放磷化铝片 2 ~ 3 片可以熏杀皮下幼虫。③检查枝干上有无产卵伤口和粪便排出，如发现可用铁丝钩出虫道内虫粪，在其内塞入磷化铝片，每处一小片而后用泥封孔，可熏杀幼虫。④成虫发生期前，用 10 份生石灰、1 份硫磺粉、40 份水配制成涂白剂往主干和大枝上涂白，可以有效地防止产卵。

2. 桑白蚧

属同翅目，盾蚧科。又叫桑白盾蚧、桑盾蚧，简称桑蚧，俗名树虱子。其成虫、若虫、幼虫以刺吸式口器为害枝条和枝干。枝条被害生长势减弱、衰弱萎缩，严重时枝条表面布满虫体，灰白色介壳将树皮覆盖，虫体为害处稍凹陷，枝上芽子尖瘦，叶小而黄，严重树枝干衰弱枯死，整株或全园半死不活。

甜樱桃桑白蚧为害状

甜樱桃桑白蚧

形态特征：桑白蚧雌成虫介壳白或灰白，近扁圆，直径 2 ~ 2.5 毫米，背面隆起，略似扁圆锥形，壳顶点黄褐色，壳有螺纹。壳下虫体为橘黄色或橙黄色，扁椭圆，长约 1.3 毫米，腹部分节明显，侧缘突出，触角退化，生殖孔周围有 5 组盘状腺孔。雄虫若虫阶段有蜡质壳，白色或灰白色，狭长，长约 1.2 毫米，两侧平直呈长条状，背有 3 条

状突起，壳点橙黄偏于前端，羽化后的虫体橙黄色或粉红色，有翅 1 对，能飞，体长约 0.6 ～ 0.7 毫米，翅膜质，翅展为 1.8 毫米。后翅退化。眼黑色，触角 10 节呈念珠状，尾部有一针状交配器。若虫初孵仔虫淡黄，体长椭圆形、扁平。腹末有 2 根白色尾毛，仔虫阶段能爬行，由雌虫壳下钻出扩散。固定位置后称其为若虫阶段，分泌蜡质逐渐成壳，雌雄逐渐分化。卵长椭圆形，0.25 ～ 0.3 毫米，初产粉红，近孵化时变橘红色。雄虫有蛹阶段，裸蛹，橙黄色，长 0.6 ～ 0.7 毫米。

发生规律及习性：华北每年发生 2 代，江、浙 3 代，广东 5 代。各地发生时期不同。北方 2 代区以受精雌成虫在枝条上越冬，4 月下旬开始产卵，5 月上旬为产卵盛期。每雌成虫可产卵 400 粒，卵期约 10 天。孵化盛期在 5 月下旬，初孵仔虫，即从雌虫壳下钻出爬行扩散，6 月上旬至中旬雌雄介壳即产生区别。雌雄产配后雄虫死亡，雌虫 7 月份发育成熟。3 代区，第一代 5 ～ 6 月，第二代 6 ～ 7 月，第三代 8 ～ 9 月完成。

防治方法：①保护利用天敌。天敌种类很多，寄生性的寄生蜂 10 余种，捕食性的红点唇瓢虫，方头甲等多种，注意保护利用。②抓仔虫孵化期、爬行扩散阶段喷药防治，可喷 3000 倍 20% 杀灭菊酯或 3000 倍 2.5% 溴氢菊酯，也可喷蜡蚧灵、速杀蚧、蚧蚜死等新混配剂型农药，每代仔虫期连喷药 2 次，华北多在 5 月下旬和 8 月下旬，每年早晚相差 5 ～ 7 天。③结合修剪、刮树皮等及时剪除受害严重的枝条，用硬毛刷清除大枝上的介壳。

3. 金龟子类

金龟子类危害甜樱桃的主要是苹毛丽金龟子、东方金龟子和铜绿金龟子，东方金龟子又名黑绒金龟子，主要以成虫啃食樱桃的芽、幼叶、花蕾、花和嫩枝。苹毛丽金龟子幼虫啃食树体的幼根。成虫在花蕾至盛花期为害最重，为害期一周左右。

形态特征：东方金龟子成虫体长 8 ～ 10 毫米，椭圆形，褐色或棕色至黑褐色，鞘翅密布绒毛，呈天鹅绒状。幼虫体长 30 ～ 33 毫米，头黄褐色，体乳白色。苹毛金电子成虫体长 9.0 ～ 12 毫米，头胸部古铜色，有光泽，翅鞘为淡茶褐色，半透明，腹部有黄色绒毛。幼虫

铜绿金龟子　孙瑞红提供

金龟子为害状　孙瑞红提供

体形较小，约 15 毫米，头黄褐色，体乳白色。铜绿龟子体形较大，体长 18～21 毫米，背部深绿色有光泽。前胸发达，两侧近边缘处为黄褐色。鞘翅上有 3 条隆起纵纹。腹部深褐色，有光泽。幼虫体长 23～25 毫米，腹部末节中央有 2 排肛毛，约 14～15 对，周围有许多不规则刚毛。

　　发生规律及习性：上述金龟子类均为 1 年发生 1 代，以成虫或老熟幼虫于土中越冬，只是其出土时期、危害盛期略有差异。苹毛丽金龟子和东方金龟子的成虫均在 4 月中旬出土，4 月下旬至 5 月上旬为出土高峰，成虫为害叶片。一般多为白天为害，日落则钻入土中或树下过夜。当气温升高时成虫活动最多。金龟子类成虫均有假死习性。铜绿金龟子，除上述习性外，还具有较强的趋光性。

　　防治方法：①在成虫大量发生时期，利用其假死习性，在早晨或傍晚时人工震动树枝、枝干，把落到地上的成虫集中起来，进行人工捕杀。②铜绿金龟子成虫大量发生时，利用其趋光性，架设黑光灯诱杀成虫。③糖醋液诱杀：用红糖 5 份、醋 20 份、白酒 2 份、水 80 份，在金龟子成虫发生期间，将配好的糖醋液装入罐头瓶内，每 667 平方米挂 10～15 只糖醋液瓶，诱引金龟子飞入瓶中，倒出集中杀灭。④水坑诱杀：在金龟子成虫发生期间，在树行间挖一个长 80 厘米、宽 60 厘米、深 30 厘米的坑，坑内铺上完整无漏水的塑料布，做成一个人工防渗水坑，坑内倒满清水。夜间坑里的清水光反射较为明亮，利用金龟子喜光的特性，引诱其飞入水坑中淹死。每 667 平方米地挖

6～8个水坑即可。

4.梨小食心虫

梨小食心虫简称"梨小"，属于鳞翅目，卷叶蛾科，又叫梨小蛀果蛾、东方蛀果蛾。第一至二代幼虫钻蛀甜樱桃新梢顶端，多从嫩尖第三至四片叶柄基部蛀入髓部，往下蛀食至木质化部分然后转移。嫩尖凋萎下垂，很易识别。蛀孔处多流出晶莹透明的果胶，多呈条状，长约1厘米，严重影响生长发育。

形态特征：成虫体长6～7毫米，翅展13～14毫米，褐至灰褐色。前翅灰黑色，前缘有10组白色短斜纹，中央近外缘1/3处有一明显白点，翅面散生灰白色鳞片，后部近外缘约10个小黑斑，后翅浅茶褐色。两翅合拢，外缘呈钝角。幼虫体长10～13毫米，淡红至桃红色，腹部橙黄，头褐色。老幼虫体长约13毫米，淡红至桃红色，头褐色。卵扁椭圆形，周缘平缓，中央鼓起，初产浅乳白色半透明，近孵化时变褐色。蛹长7毫米，黄褐色，渐变为暗褐色，腹部3～7节背面有2排横列小刺，8～10节各生一排稍大刺。腹末有8根钩状臀棘。

梨小为害状　　　　　　　　　　　　　　梨小幼虫　孙瑞红提供

发生规律及习性：华北每年发生三至四代，以老熟幼虫在树皮缝内结茧越冬。多数集中在根颈和土干分枝处，树下杂草、土石缝内也有越冬幼虫。有转主为害的习性，一至二代多为害甜樱桃等核果类新梢，个别也为害苹果新梢，三至四代多为害桃、李果实，后期集中为害梨或苹果的果实。华北第一代4～5月，第二代6～7月，第三代7～8月，第四代9～10月。第1次蛀梢高峰在4月下旬至5月上旬，第二次在 6 月中、下旬，第三次蛀梢在 7 月，后期多蛀果为害。卵主要产于中部叶背，卵期 8 ~ 10 天。成虫趋化性强，糖醋液和性诱剂对成虫诱捕力很强。

防治方法：①诱捕成虫。性诱剂诱捕效果很好，每 50 ~ 100 株设一诱捕器，每天清除成虫，诱捕器内放少量洗衣粉防成虫飞走。糖醋液 (糖 5 ：醋 20 ：酒 5 ：水 50) 诱捕效果也很好。②喷药防治幼虫。对刚蛀梢的幼虫可喷果虫灵 1000 倍液或桃小灵 2000 倍液可杀死刚蛀梢的幼虫。③成虫盛发期。当性诱捕器连续 3 天诱到成虫时即可喷药以杀死成虫和卵，可喷 2000 ~ 3000 倍甲氢菊酯类农药及其他菊酯类药剂。

5. 金缘吉丁虫

俗称串皮虫，属鞘翅目，吉丁甲科。幼虫于果树枝干皮层内、韧皮部与木质间蛀食，被蛀部皮层组织颜色变深。随着虫龄增大深入到形成层串食，虫道迂回曲折，被害部位后期常常纵裂，枝干满布伤痕，树势衰弱。主干或侧枝若被蛀食一圈，可导致整个侧枝或全株枯死。

形态特征：成虫体长 13 ~ 17 毫米，宽约 6 毫米，体纺锤形略扁。密布刻点，翠绿色有金黄色光泽，复眼黑色，前胸至翅鞘前缘有条金黄色纵条纹并有金红色银边，头中央有一条黑蓝色纵纹。卵扁椭圆形，长约 2 毫米，宽 1.4 毫米，初为乳白色，后变为黄褐色，幼身扁平。幼虫乳黄色，头小、暗褐色，前胸第一节扁平肥大，腹部细长，节间凹进。老熟幼虫体长 30 ~ 35 毫米。蛹体长 15 ~ 20 毫米，纺锤形略扁平，由乳白渐变黄，羽化前与成虫相似。

发生规律及习性：金缘吉丁虫 1 ~ 2 年完成 1 代，每年发生的代数因地区而异。以大小不同龄期的幼虫在被害枝干的皮层下或木质部的蛀道内越冬，寄主萌芽时开始继续为害。老熟幼虫一般在 3 月开始活动，4 月开始化蛹，5 月中、下旬是成虫出现盛期。成虫羽化后，在树冠上活动取食，有假死性。卵始见于 6 月上旬，多产于树势衰弱的主干及主枝翘皮裂缝内，盛期在 6 月中、下旬。6 月下旬至 7 月上旬为幼虫孵化盛期，幼虫孵化后，即咬破卵壳而蛀入皮层，逐渐蛀入形成层后，沿形成层取食，虫道绕枝干一周后，常造成枝干枯死。8月份以后多数幼虫蛀入木质部或在较深的虫道内越冬。

防治方法：①加强栽培管理措施。土壤贫瘠、管理粗放、树势衰弱的甜樱桃植株容易受害。因此，加强栽培管理，提高树势可以有效的抵抗金缘吉丁虫。②休眠期刮粗翘皮，特别是主干、主枝的粗树皮，可消灭部分越冬幼虫。③生产实践中，及时清除死树死枝并烧掉，减少虫源。④成虫发生期，利用其假死性，清晨气温低时，振落捕杀成虫。或者利用黑光灯、糖醋液、性诱剂等设备诱杀成虫。⑤化学防治：成虫发生期可喷 20% 速灭杀丁 2000 倍液进行防治。幼虫为害处易于识别，可用药剂涂抹被害处表皮，毒杀幼虫效果很好。

6. 红蜘蛛

红蜘蛛有多种类型，为害甜樱桃的主要是山楂红蜘蛛，又名山楂叶螨、樱桃红蜘蛛，属于蛛形纲、蜱螨目、叶螨科，分布很广，遍及南北各地。成、幼、若螨刺吸叶片组织、芽、果的汁液，被害叶初期呈现灰白色失绿小斑点，随后扩大连片。芽严重受害后不能继续萌发，变黄、干枯。严重时全叶苍白枯焦早落，常造成二次发芽开花，削弱树势，不仅当年果实不能成熟，还影响花芽形成和下年的产量。大量发生的年份，7～8月份常造成大量落叶，导致二次开花。

山楂叶螨为害状　　　孙瑞红提供

形态特征：雌成螨有冬、夏型之分，冬型体长 0.4 ～ 0.6 毫米，朱红色有光泽；夏型体长 0.5 ～ 0.7 毫米，紫红或褐色，体背后半部两侧各有 1 大黑斑，足浅黄色。体均卵圆形，前端稍宽有隆起，体背刚毛细长 26 根，横排成 6 行。雄成螨体长 0.35 ～ 0.45 毫米，纺锤形，第三对足基部最宽，末端较尖，第一对足较长，体浅黄绿至浅橙黄色，体背两侧出现深绿长斑。幼螨 3 对足，体圆形黄白色，取食后卵圆形浅绿色，体背两侧出现深绿长斑。若螨 4 对足，淡绿至浅橙黄色，体背出现刚毛，两侧有深绿斑纹，后期与成螨相似。

发生规律及习性：北方每年发生 5 ～ 13 代，均以受精雌螨在树体各缝隙内及干基附近土缝里群集越冬。翌春日平均气温达 9 ～ 10℃，近出蛰为害芽，展叶后到叶背为害，此时为出蛰盛期，整个出蛰期达 40 余天。取食 7 ～ 8 天后开始产卵，盛花期为产卵盛期，卵期 8 ～ 10 天，落花后 7 ～ 8 天卵基本孵化完毕，同时出第一代成螨，第一代卵落花后 30 余天达孵化盛期，此时各虫态同时存在，世代重叠。一般 6 月前温度低，完成 1 代需 20 余天，虫量增加缓慢，夏季高温干旱 9 ～ 15 天即可完成 1 代，卵期 4 ～ 6 天，麦收前后为全年发生的高峰期，严重者常早期落叶，由于食料不足营养恶化，常提前越冬。食料正常的情况下，进入雨季高湿，加之天敌数量的增长，致山楂叶螨虫口显著下降，至 9 月可再度上升，为害至 10 月陆续以末代受精雌螨潜伏越冬。成若幼螨喜在叶背群集为害，有吐丝结网习性，田间雌占 60% ～ 85%。春、秋世代平均每雌产卵 70 ～ 80 粒，夏季世代 20 ～ 30 粒。非越冬雌螨的寿命，春、秋两季为 20 ～ 30 天，夏季 7 ～ 8 天。

防治方法：（1）保护和引放天敌。红蜘蛛的天敌有食螨瓢虫、小花蝽、食虫盲蝽、草蛉、蓟马、隐翅甲、捕食螨等数十种。尽量减少杀虫剂的使用次数或使用不杀伤天敌的药剂以保护天敌，特别花后大量天敌相继上树，如不喷药杀伤，往往可把害螨控制在经济允许水平以下，个别树严重，平均每叶达 5 头时应进行"挑治"，防止普治大量杀伤天敌。（2）果树休眠期刮除老皮，重点是去除主枝分杈以

上老皮，主干可不刮皮以保护主干上越冬的天敌。（3）幼树山楂叶螨主要在树干基部土缝里越冬，可在树干基部培土拍实，防止越冬螨出蛰上树。（4）发芽前结合防治其他害虫可喷洒波美5度石硫合剂或45%晶体石硫合剂20倍液、含油量3%～5%的柴油乳剂，特别是刮皮后施药效果更好。（5）花前是进行药剂防治叶螨和多种害虫的最佳施药时期，在做好虫情测报的基础上，及时全面进行药剂防治，可控制在为害繁殖之前。可选用波美0.3～0.5度石硫合剂或45%晶体石硫合剂300倍液。

7．黄刺蛾

别名刺蛾、八角虫、八角罐、洋辣子、羊蜡罐、白刺毛，鳞翅目，刺蛾科，全国分布广泛，是为害甜樱桃的主要刺蛾种类之一。以幼虫伏在叶背面啃食叶肉，使叶片残缺不全，严重时，只剩中间叶脉。幼虫体上的刺毛丛含有毒腺，与人体皮肤接触后，备感痒痛而红肿。

形态特征：成虫体长15毫米，翅展33毫米左右，体肥大，黄褐色，头胸及腹前后端背面黄色。触角丝状灰褐色，复眼球形黑色。前翅顶角至后缘基部1/3处和臀角附近各有1条棕褐色细线，内侧线的外侧为黄褐色，内侧为黄色；沿翅外缘有棕褐色细线；黄色区有2个深褐色斑，均靠近黄褐色区，1个近后缘，1个在翅中部稍前。后翅淡黄褐色，边缘色较深。卵椭圆形，扁平，长1.4～1.5毫米，表面有线纹，初产时黄白，后变黑褐，数十粒块生。幼虫体长16～25毫米，肥大，呈长方形，黄绿色，背面有1紫褐色哑铃形大斑，边缘发蓝。头较小，淡黄褐色；前胸盾。半月形，左右各有1个黑褐斑。胴部第2节以后各节有4个横列的肉质突起，上生刺毛与毒毛，其中以3、4、10、11节者较大。气门红褐色，气门上线黑褐色，气门下线黄褐色。臀板上有2个黑点，胸足极小，腹足退化，第一至七腹节腹面中部各有1扁圆形"吸盘"。蛹长11～13毫米，椭圆形，黄褐色。茧石灰质坚硬，椭圆形，上有灰白和褐色纵纹似鸟卵。

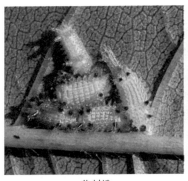
黄刺蛾

黄刺蛾为害状

发生规律及习性：东北及华北多年生1代，河南、陕西、四川2代，以老熟幼虫在枝干上的茧内越冬。1代区5月中、下旬开始化蛹，蛹期15天左右。6月中旬至7月中旬出现成虫，成虫昼伏夜出，有趋光性，羽化后不久交配产卵，卵产于叶背，卵期7～10天，幼虫发生期6月下旬至8月，8月中旬后陆续老熟，在枝干等处结茧越冬。二代区5月上旬开始化蛹，5月下旬至6月上旬羽化，第一代幼虫6月中旬至7月上中旬发生，第一代成虫7月中下旬始见，第二代幼虫为害盛期在8月上中旬，8月下旬开始老熟结茧越冬。7～8月间高温干旱，黄刺蛾发生严重。

防治方法：①秋冬季结合修剪摘虫茧或敲碎树干上的虫茧，减少虫源。②利用成虫的趋光性，用黑光灯诱杀成虫。③利用幼龄幼虫群集为害的习性，在7月上中旬及时检查，发现幼虫即人工捕杀，捕杀时注意幼虫毒毛。④生物防治。在成虫产卵盛期用，可采用赤眼蜂寄生卵粒，667平方米地放蜂20万头，每隔5天放1次，3次放完，卵粒寄生率可达90%以上。⑤在幼虫盛发期喷洒可用2.5%溴氰菊酯或功夫乳油3000倍液灭杀幼虫。

8.褐缘绿刺蛾

别名青刺蛾、四点刺蛾、曲纹绿刺蛾、洋辣子，鳞翅目，刺蛾科，也是为害甜樱桃的主要刺蛾种类之一，北起黑龙江，南至台湾、海南、広东、广西、云南均有分布。低龄幼虫取食下表皮和叶肉，留下上表皮，致叶片呈不规则黄色斑块，大龄幼虫食叶成平直的缺刻。

形态特征：成虫体长 16 毫米，翅展 38 ~ 40 毫米。触角棕色，雄彬齿状，雌丝状。头、胸、背绿色，胸背中央有 1 棕色纵线，腹部灰黄色。前翅绿色，基部有暗褐色大斑，外缘为灰黄色宽带，带上散有暗褐色小点和细横线，带内缘内侧有暗褐色波状细线，后翅灰黄色。卵扁椭圆形，长 1.5 毫米，黄白色。幼虫体长 25 ~ 28 毫米，头小，体短粗，初龄黄色，稍大黄绿至绿色，前胸盾上有 1 对黑斑，中胸至第八腹节各有 4 个瘤状突起，上生黄色刺毛束，第一腹节背面的毛瘤各有 3 ~ 6 根红色刺毛；腹末有 4 个毛瘤丛生蓝黑刺毛，呈球状；背线绿色，两侧有深蓝色点。蛹长 13 毫米，椭圆形，黄褐色。茧长 16 毫米，椭圆形，暗褐色酷似树皮。

樱桃褐缘绿刺蛾

发生规律及习性：北方年生 1 代，河南和长江下游 2 代，江西 3 代，均以老熟幼虫蛹于茧内越冬，结茧场所于干基浅土层或枝干上。1 代区 5 月中下旬开始化蛹，6 月上中旬至 7 月中旬为成虫发生期，幼虫发生期 6 月下旬至 9 月，8 月为害最重，8 月下旬至 9 月下旬陆续老熟且多入土结茧越冬。2 代区 4 月下旬开始化蛹，越冬代成虫 5 月中旬始见，第一代幼虫 6 ~ 7 月发生，第一代成虫 8 月中下旬出现；第二代幼虫 8 月下旬至 10 月中旬发生。10 月上旬陆续老熟于枝干上或入土结茧越冬。成虫昼伏夜出，有趋光性，卵数十粒呈块作鱼鳞状排

96

列，多产于叶背主脉附近，每雌产卵150余粒，卵期7天左右。幼虫共8龄，少数9龄，1～3龄群集，4龄后渐分散。

防治方法：参考黄刺蛾。

9.大青叶蝉

大青叶蝉又名大绿浮尘子、青叶蝉、大绿叶蝉等，属同翅目，叶蝉科。在全国各地均有发生。以成虫和若虫刺吸汁液，影响生长消弱树势，在北方产越冬卵于果树枝条皮下，刺破表皮致使枝条失水，造成枝干损伤，常引起冬、春抽条和幼树枯死，影响安全越冬，是苗木和幼树的重要害虫。

形态特征：成虫体长7～10毫米，体背青绿色略带粉白，头橙黄色，复眼黑褐色，头顶有两个黑点，前翅蓝绿色，末端灰白色半明。后翅及腹背黑色，足黄白至橙黄色。卵长圆形，微弯曲，一端稍尖，初乳白近孵化时黄白色。若虫与成虫相似，初孵化灰白色微带黄绿，胸腹背面无显著条纹，3龄后黄绿色，

大青叶蝉为害状

现翅芽，胸腹背面显现4条褐至暗褐色纵纹，5龄时翅芽超过第二腹节，体长约7毫米。

发生规律及习性：每年发生3代，以卵块在枝干皮下越冬。春季果树萌芽时孵化为若虫，第一代成虫发生于5月下旬，7～8月为第二代成虫发生期，9～11月出现第三代成虫。第一二代为害杂草或其他农作物，第三代在9～10月为害甜樱桃。产卵时，产卵器划破树皮，造成月牙形伤口，产卵7～8粒，排列整齐，造成枝条伤痕累累。10月中旬逐渐转移到果树上产卵，10月下旬为产卵盛期，并以卵越冬。成虫趋光性极强。

防治方法：①利用成虫趋光性，夏季夜晚灯光诱杀成虫，杜绝上树产卵，可以明显减少来年的发生数量。②1～2年生幼树，在成虫产越冬卵前用塑料薄膜袋套住树干，或用涂白剂进行树干涂白，阻止成虫产卵。③加强栽培管理措施，及时清除园内杂草，幼树园和苗圃地附近最好不种秋菜。④若虫发生期喷药防治，种类及浓度：2.5%溴氰菊酯等菊酯类1500～2000倍液杀死若虫。

10.桃潜叶蛾

桃潜叶蛾属鳞翅目，潜叶蛾科。主要以幼虫潜食叶肉组织，在叶中纵横窜食，形成弯弯曲曲的虫道，并将粪粒充塞其中，受害严重叶片只剩上下表皮，甚至造成叶片提前脱落。若防治不及时，严重削弱树势，影响次年开花结果。

形态特征：成虫体长3毫米，翅展6毫米，体及前翅银白色。前翅狭长，先端尖，附生3条黄白色斜纹，翅先端有黑色斑纹。前后翅都具有灰色长缘毛。卵扁椭圆形，无色透明，卵壳极薄而软，大小为0.33～0.26毫米。幼虫体长6毫米，胸淡绿色，体稍扁。有黑褐色胸足3对。茧扁枣核形，白色，茧两侧有长丝黏于叶上。

发生规律及习性：每年发生约7代，以蛹在果园附近的树皮缝内、被害叶背及落叶、杂草、石块下结白色薄茧过冬。来年4月下旬至5月初，成虫羽化，夜间活动产卵于叶下表皮内。幼虫孵化后，在叶组织内潜食为害，串成弯曲隧道，并将粪粒充塞其中，叶的表皮不破裂，可由叶面透视。叶受害后枯死脱落。幼虫老熟后在叶内吐丝结白色薄茧化蛹。5月上中旬发生第一代成虫，以后每月发生1代，最后1代发生在11月上旬。

防治方法：①消灭越冬虫体：冬季结合清园，刮除树干上的粗老翘皮，连同清理的叶片、杂草集中焚烧或深埋。②运用性诱剂杀成虫：选一广口容器，盛水至边沿1厘米处，水中加少许洗衣粉，然后用细铁丝串上含有桃潜叶蛾成虫性外激素制剂的橡皮诱芯，固定在容器口中央，即成诱捕器。将制好的诱捕器挂于樱桃园中，高度距地面1.5米，每667平方米挂5～10个，可以诱杀雄性成虫。③化学防治：

化学防治的关键是掌握好用药时间和种类。越冬代及第一二代幼虫发生盛期分别应用25%灭幼脲3号悬浮剂1500～2000倍药液，喷药，为兼治害螨，也可喷蛾螨灵1500倍液。也可用2.5%溴氰菊酯或功夫乳油3000倍液。

桃潜叶蛾为害状

11.苹小卷叶蛾

苹小卷叶蛾属鳞翅目，卷叶蛾科，俗称舐皮虫。幼虫为害果树的芽、叶、花和果实。幼虫常将嫩叶边缘卷曲，以后吐丝缀合嫩叶；大幼虫常将2～3张叶片平贴，或将叶片食成孔洞或缺刻，或将叶片平贴果实上，将果实啃成许多不规则的小坑洼。

苹小卷叶蛾为害状

形态特征：成虫体长6～8毫米，体黄褐色。前翅的前缘向后缘和外缘角有两条浓褐色斜纹，其中一条自前缘向后缘达到翅中央部分时明显加宽。前翅后缘肩角处，及前缘近顶角处各有一小的褐色纹。卵扁平椭圆形，淡黄色半透明，数十粒排成鱼鳞状卵块。幼虫身体细长，头较小呈淡黄色。小幼虫黄绿色，大幼虫翠绿色。蛹黄褐色，腹部背面每节有刺突两排，下面一排小而密，尾端有8根钩状刺毛。

发生规律及习性：苹小卷叶蛾一年发生3～4代，以幼龄幼虫在粗翘皮下、剪锯口周缘裂缝中结白色薄茧越冬，尤其在剪、锯口，越冬幼虫数量居多。第二年三四月份出蛰，出蛰幼虫先在嫩芽、花蕾上，潜于其中为害。叶片伸展后，便吐丝缀叶为害，被害叶成为"虫苞"。这时幼虫在虫苞贪食，不大活动，称为紧包期。幼虫非常活泼，稍受惊动，能前进或后退脱出虫苞，立即吐丝下垂，随风荡动，转移到另一新梢嫩叶上为害。长大后则多卷叶为害，老熟幼虫在卷叶中结茧化蛹。3代发生区，6月中旬越冬代成虫羽化，7月下旬第一代羽化，9月上旬第二代羽化；4代发生区，越冬代为5月下旬、第一代为6月末至7月初、第二代在8月上旬、第三代在9月中羽化。成虫有趋光性和趋化性，成虫夜间活动，对果醋和糖醋都有较强的趋性，设置性信息素诱捕器，均可用于直接监测成虫发生期的数量变化。

防治方法：①生物防治：用糖醋、果醋或苹小卷叶蛾性信息素诱捕器以监测成虫发生期数量消长。自诱捕器中出现越冬成虫之日起，第四天开始释放赤眼蜂防治，一般每隔6天放蜂1次，连续放4～5次，每公顷放蜂约150万头，卵块寄生率可达85%左右，基本控制其为害。一代幼虫初期，选用Bt乳剂2001号、苏脲1号1 000倍液防治。②利用成虫的趋化性和趋光性：将酒、醋、水按5：20：80的比例配置，或用发酵豆腐水等，引诱成虫。也可以利用成虫的趋光性装置黑光灯诱杀成虫。③人工摘除虫苞：人工摘除虫苞至越冬代成虫出现时结束。④化学防治：在早春刮除树干、主侧枝的老皮、翘皮和剪锯口周缘的裂皮等后，用旧布或棉花包蘸敌百虫300～500倍液，涂刷剪锯口，杀死其中的越冬幼虫。

12.梨花网蝽

半翅目，网蝽科，别名梨网蝽、梨军配虫。成虫和若虫栖居于寄主叶片背面刺吸为害。被害叶正面形成苍白斑点，叶片背面因此虫所排出的斑斑点点褐色粪便和产卵时留下的蝇粪状黑色，使整个叶背面呈现出锈黄色，易识别。受害严重时候，使叶片早期脱落，影响树势和产量。

梨网蝽为害状　　　　孙瑞红提供

形态特征：成虫体长 3.5 毫米左右，扁平、暗褐色。头小，复眼暗黑色；触角丝状 4 节，前胸背板有纵隆起，向后延伸如扁板状，盖住小盾片，两侧向外突出呈翼片状。前翅略呈长方形，具黑褐色斑纹，静止时两翅叠起黑褐色斑纹呈"X"状。前胸背板与前翅均半透明，具褐色细网纹。胸部腹面黑褐色常有白粉。足黄褐色。腹部金黄色，上有黑色细斑纹。卵长椭圆形，一端略弯曲。初产淡绿色半透明，后变淡黄色。幼虫共 5 龄，初孵若虫乳白色，近透明，数小时后变为淡绿色，最后变成深褐色。3 龄后有明显的翅芽，腹部两侧及后缘有 1环黄褐色刺状突起。成长若虫头、胸、腹部均有刺突，头部 5 根，前方 3 根，中部两侧各 1 根，胸部两侧各 1 根，腹部各节两侧与背面也各有 1 根。

梨网蝽成虫　　　　孙瑞红提供

发生规律及习性：每年发生代数因地而异，长江流域 1 年 4 ～ 5 代，北方果区 3 ～ 4 代。各地均以成虫在枯枝落叶、枝干翘皮裂缝、杂草及土、石缝中越冬。在北方果区次年4月上、中旬开始陆续活动，飞到寄主上取食为害。由于成虫出蛰期不整齐，5月中旬以后各虫态同时出现，世代重叠。1年中以7～8月为害最重。成虫产卵于叶背面叶肉内，每次产1粒卵。常数粒至数十粒相邻产于叶脉两侧的叶肉内，每雌可产卵15～60粒，卵期15天左右。初孵若虫不甚活动，有群集性，2龄后逐渐扩大为害活动范围。成、若虫喜群食叶背主脉附近，被害处叶面呈现黄白色斑点，随着为害的加重而斑点扩大，全片叶苍白，叶背和下边叶面上常落有黑褐色带黏性的分泌物和粪便，并诱致霉病发生，影响树势和来年结果，对当年的产量与品质也有一定影响。为害至10月中、下旬以后，成虫寻找适当处所越冬。

防治方法：①人工防治：成虫春季出蛰活动前，彻底清除果园内及附近的杂草、枯枝落叶，集中烧毁或深埋，消灭越冬成虫。9月间树干上束草，诱集越冬成虫，清理果园时一起处理。②化学防治：关键时期有两个，一个是越冬成虫出蛰至第1代若虫发生期，成虫产卵之前，以压低春季虫口密度；二是夏季大发生前喷药。农药可用90%晶体敌百虫1000倍液、50%杀螟松乳剂1000倍液、50%对硫磷乳剂1500倍液、2.5%溴氰菊酯等菊酯类农药1500～2000倍液等，连喷两次，效果较好。

第七章
甜樱桃采收后商品化处理技术

一、采收

　　甜樱桃从可以采收上市到完全成熟，果实大小还能增大35%，并且色泽、风味、可溶性固形物含量都会提高。采收过早，不仅产品的大小和重量达不到标准，而且风味、品质和色泽也不好。采收过晚，果实容易腐烂或从树上脱落，损失增加，并且不耐贮藏和输运。确定合理的采收成熟度、采收时间时要充分考虑消费市场的品质要求、贮藏时间的长短、距离市场的远近等因素。一般就地销售的产品，可以适当晚采收，而作为长期贮藏和远距离运输的产品，应该适当早些采收。

（一）采收成熟度的判断

　　判断樱桃采收成熟度的方法主要有如下几种。

1.表面色泽的显现和变化

　　未成熟果实的果皮中有大量的叶绿素，随着果实成熟度的增高，叶绿素逐渐分解，底色便呈现出来。樱桃果实的颜色是判断其采收成熟度最重要的指标。不同品种采收时颜色亦不同。如Bing樱桃，成熟时的颜色应当是桃红色，鲜红色时，果实成熟度不够，紫红色时果实过熟；而Van品种的樱桃成熟时的红色比Bing樱桃色深。

不同成熟度的早大果樱桃，中间为最适采收期

2.主要化学物质的含量

主要化学物质如有机酸、可溶性固形物、糖的含量可以作为衡量品质和成熟度的标志。可溶性固形物中主要是糖分，其含量高标志着含糖量高、成熟度高。总含糖量与总酸含量的比值称"糖酸比"，可溶性固形物与总酸的比值称为"固酸比"，它们不仅可以衡量果实的风味，也可以用来判断成熟度。

3.质地和硬度

一般未成熟的果实硬度较大，达到一定成熟度后才变得柔软多汁，只有掌握适当的硬度，在最佳质地采收，产品才能够耐贮藏和运输。樱桃果实的硬度可用硬度计测量。

4.果实发育期

花后果实发育的天数可以作为成熟度指标，一般早熟品种35天、中熟品种45天、晚熟品种55天左右。但不同年份略有差别，在气温高的年份果实成熟期略有提前，在气温低的年份则延迟。

5.风味

口感和风味可以作为成熟度指标，对于当地鲜销市场，最好在风味达到最佳时采收。此时采收，不但风味好，而且果个大、着色深。

6.用途

外销和贮藏保鲜的甜樱桃宜在八成熟时采收。采收过早，风味欠佳、果个小、产量低；采收过晚，不耐运输和贮藏。

（二）采收方法

作为鲜食的甜樱桃一般人工采收，人工采收成熟度容易控制，机械损伤少，对树体危害小。甜樱桃带果柄采摘有利于贮藏保鲜和延长货架期，但采收时一定注意不要损伤短果枝和花束壮果枝的顶芽，否则将形成光秃，永久丧失结果能力。

（三）分级包装

采收后必须经过严格的挑选，剔除伤、病、残果，按照色泽和果实大小进行分级。

包装不仅是一种贸易辅助手段，为市场交易提供标准规格单位。包装还可以缓冲过高和过低环境温度对产品的不良影响，防止樱桃失水萎蔫，降低受到尘土和微生物的污染，减少病虫害的蔓延。在贮藏、运输和销售过程中，包装还可减少产品间的摩擦、碰撞和挤压造成的损伤，保持流通中良好的稳定性，提高商品率。此外，包装的标准化有利于仓储工作的机械化操作，减轻劳动强度，设计合理的包装还有利于充分利用仓储空间。

樱桃的包装容器首先应该有足够的机械强度，保护产品在装卸、运输和堆码过程中免受损伤。其次，要具有一定的通透性，利于排除产品产生的呼吸热和进行气体交换，包装容器最好具有防潮性，防止吸水变形。此外，还必须具有清洁、无污染、无异味、无有毒化学物质、内壁光滑、美观、重量轻、成本低等特点。包装容器的外面应注明商标、品名、等级、重量、产地及包装日期。

包装容器按其用途可分为运输包装、贮藏包装和销售包装，适合的包装容器主要有纸箱、木箱和塑料箱。包装箱的长宽比为 1.5 : 1，高度宜矮不宜高，容积宜小不宜大，一般不超过 5 千克樱桃。同时，要考虑便于携带、堆码、搬运及机械化、托盘化操作。

为了防止产品失水和减轻机械损伤，包装箱中要加内包装，主要是各种塑料薄膜、纸或纸隔板等。

樱桃果实分选、包装流水线

二、甜樱桃贮藏技术

（一）预冷技术

预冷是将新鲜采收的樱桃在运输、贮藏之前迅速除去田间热和呼吸热的过程。为了保持樱桃的新鲜度和延长贮藏及货架寿命，从采收到预冷的时间间隔越短越好，最好是在产地立即进行。

1.自然降温冷却

自然降温冷却是一种最简单易行的预冷方式，它是将采收后的园产品放在阴凉通风的地方，散去产品所带的田间热。用这种方法使产品降温所需要的时间较长，而且难以达到产品所需要的预冷温度，但是在没有更好的预冷条件时，自然降温冷却也是一种可以应用的预冷方法。

2.冷库风冷却

冷库空气冷却是一种简单的人工预冷方法，就是把采后的园产品放在冷库中降温，当冷库有足够的制冷量，空气的流速为 1 ~ 2 米 / 秒时，风冷却的效果最好。要注意堆码的垛间和包装箱间都应该留有适当的空隙，保证冷空气流通。预冷温度应小于 5℃。

3. 强制通风冷却

强制通风冷却是在包装箱或垛的两个侧面造成空气压差而进行的冷却，其方法是在产品垛靠近冷却器的一侧竖立一块隔板，隔板下部安装一部风扇，产品垛的上部加覆盖物，覆盖物的一边与隔板密封，使冷空气不能从产品垛的上方通过，只能水平方向穿过垛间、箱间缝隙和包装箱上的通风孔，当风扇转动时，隔板内外形成压力差，当压差不同的冷空气经过货堆和包装箱时，将产品散发的热量带走。强制通风冷却的效果较好，冷却所需要的时间只有普通冷库风冷却的 $1/2 \sim 1/5$。

（二）防腐技术

通过低温贮藏，气调贮藏或使用生长调节剂等进行处理，能显著的保持果实的抗病性，在一定程度上可以减轻病原菌导致的腐烂。但这些措施并不能完全避免微生物的侵染，尤其是在市场流通系统中运转或长期贮藏时更是如此。新鲜樱桃只有在适宜的贮运条件下，结合无公害防腐剂处理才能达到最长的贮藏寿命。采用防腐剂处理主要目的是抑制或杀死致腐病原菌，使病原在寄主体内发展受到限制，并控制已建立的侵染。

引起樱桃果实采收腐烂变质的主要病原微生物是链格孢菌、褐腐菌、灰霉菌、根霉菌和青霉菌等。

1. 防腐保鲜剂的种类

水果防腐保鲜剂主要包括杀菌防腐剂、乙烯脱除剂、气体调节剂、湿度调节剂、涂膜剂、库房消毒剂等。在实际应用中，根据品种及需要选择几种配合使用，可以获得最佳的保鲜效果。樱桃水果防腐保鲜剂主要用于抑制病原微生物的生长繁殖，同时延缓果蔬的衰老，保持水果对病原微生物的抗性。

生产上防治褐腐病、灰霉病、软腐病（由根霉菌引起）等病害可用仲丁胺熏蒸剂杀菌，每千克樱桃果实用 0.1 ~ 0.2 克，也可在保鲜袋中放 CT-8 号保鲜剂熏蒸防腐保鲜。有条件时也可用 0.1% 噻苯咪唑、0.5% 邻苯基酸钠和 0.5% 维生素浸果，均能抑制褐变及腐烂病发生。

除了化学防腐保鲜剂外，也可用拮抗微生物或动植物提取物等进行樱桃采后病害的生物防治。

2.防腐保鲜剂的使用

(1) 熏蒸

以熏蒸方式为主要处理方法的防腐保鲜剂容易挥发或者经点燃后容易以烟的形式挥发，如仲丁胺、TBZ，甲醛等。熏蒸剂在较大贮藏室内应用时要求通过电风扇的搅动，以达到均匀分布，并穿透到潜伏侵染的部位，但在一些较小的贮藏容器如气调帐或小型贮藏库内不需要开动风扇，熏蒸剂即可均匀扩散。常用的小型熏蒸装置以砖块作搁架，木轴作隔离，外置大纸盒或气调帐，点燃熏蒸剂的容器需离果品远点，以防受热，点燃后，用泥土封住盒底四边。

(2) 喷淋和浸渍

生产中应用最多的防腐保鲜剂的剂型是液体，液体防腐保鲜剂主要通过喷淋和浸渍的方式处理。最常用的喷淋方法是用喷雾器喷洒。浸渍是把樱桃浸入装有已配制好的一定浓度溶液的池内，然后捞出沥干。

喷淋和浸渍均须在处理后及时晾干，否则，不但起不到良好的防腐保鲜效果，反而加速腐烂。目前有人提倡将用于此处理的果蔬防腐保鲜剂以喷雾的方式在果蔬采收前使用。这样虽然解决了处理后不易晾干的问题，但因药剂不能均匀分布而使效果受到影响，药剂使用浓度也会有所变化。

(三) 冷藏技术

1.选择中晚熟耐藏品种

一般说来，早熟和中熟品种不耐贮运，晚熟品种贮性较强。早熟品种果实发育期短，果皮薄，果实营养积累少，品质相对较差，贮藏后对市场的调节作用相对较小，不宜贮藏。

2.贮藏条件

樱桃贮藏宜装入厚度0.02～0.08毫米的聚乙烯或聚氯乙烯塑料

袋中，这样一方面能起到气体调节作用，一方面能防止果实失水皱缩。每塑料袋以装入樱桃 5 千克为宜，扎口后，放在 -1°C 到 0°C 下贮藏，使袋内的氧和二氧化碳分别维持在 5%～10% 和 5%～15%，相对湿度 90%～95%，这样可以贮藏 30 天左右。贮藏温度最低不能低于 -3°C，最高不高于 1°C；二氧化碳浓度不得高于 30%。

（四）气调贮藏技术

樱桃气调贮藏温度以 0°C 为宜，氧气浓度 1%～5%，二氧化碳为 5%～20%，相对湿度 85%～90%。樱桃对二氧化碳的耐性较强，但不可超过 30%，否则，会出现二氧化碳伤害，引起果实褐变或产生异味。樱桃气调贮藏可贮 3 个月左右。